21世纪**高等学校本科系列教材**

计算机科学与技术专业

Tongxin Yuanli

通信原理

（第二版）

主　编　陈孝威

副主编　庞淑英

重庆大学出版社

内 容 提 要

本书根据本科"计算机科学与技术"专业的教学计划的要求,精选通信原理中的主要内容,结合现代通信的新技术,系统地介绍了现代通信技术的基本原理。其内容包括模拟通信及数字通信,并以数字通信为主。

本书可作为高等学校计算机科学与技术及其他电子信息类专业的本科生教材,也可作为广大科技人员学习通信原理的参考书。

图书在版编目(CIP)数据

通信原理/陈孝威主编.—重庆:重庆大学出版社,2003.4(2020.7 重印)
(计算机科学与技术专业本科系列教材)
ISBN 978-7-5624-2362-8

Ⅰ.通… Ⅱ.陈… Ⅲ.通信理论—高等学校—教材 Ⅳ.TN911

中国版本图书馆 CIP 数据核字(2003)第 018552 号

通信原理

(第二版)

主 编 陈孝威

副主编 庞淑英

责任编辑:曾显跃 版式设计:曾显跃
责任校对:任卓惠 责任印制:赵 晟

*

重庆大学出版社出版发行

出版人:饶帮华

社址:重庆市沙坪坝区大学城西路 21 号

邮编:401331

电话:(023) 88617190 88617185(中小学)

传真:(023) 88617186 88617166

网址:http://www.cqup.com.cn

邮箱:fxk@ cqup.com.cn(营销中心)

全国新华书店经销

POD:重庆新生代彩印技术有限公司

*

开本:787mm×1092mm 1/16 印张:10.75 字数:268 千

2017 年 1 月第 2 版 2020 年 7 月第 5 次印刷

ISBN 978-7-5624-2362-8 定价:36.00 元

前言

本书是计算机科学与技术专业本科系列教材之一。由贵州大学计算机科学系、昆明理工大学计算中心根据本科"计算机科学与技术"专业教学计划的要求编写而成。现有的有关通信原理的教科书大都内容过多,数学推导占了较大篇幅,不适于作为"计算机科学与技术"专业本科教材。本书精选通信原理中的主要内容,结合现代通信的新技术,系统地介绍了现代通信技术的基本原理。本书除必要的数学推导外,注重物理概念的讲述和分析,使学生在较少的课时内,系统地掌握通信系统的基本原理。

本书的内容包括模拟通信及数字通信,并以数字通信为主。全书包括 8 章。第 1 章绪论,介绍通信系统的模型、模拟通信系统与数字通信系统、通信技术发展概况及通信系统的主要性能指标;第 2 章介绍信息论基础,其内容包括信息的度量、信道及信源编码与信道编码;第 3 章介绍模拟调制系统,其内容包括幅度调制、幅度调制信号的解调及抗噪声性能、频分复用、角度调制、调频信号的抗噪声性能及调幅与调频的比较;第 4 章介绍数字基带传输系统,其内容包括数字基带传输系统的基本结构、数字基带信号及其频谱特性、数字基带信号的常用码、基带脉冲传输与码间干扰、无码间干扰的基带传输特性、无码间干扰基带传输系统的抗干扰性能及眼图与均衡。第 5 章介绍数字调制系统,其内容包括数字调制系统、二进制数字调制原理、二进制数字调制系统的抗噪声性能、二进制数字调制系统的性能比较、多进制数字调制系统及改进的数字调制系统;第 6 章介绍模拟信号的数字传输,其内容包括模拟信号的数字传输、抽样定理、脉冲振幅调制、模拟信号的量化、脉冲编码调制、增量调制(ΔM 或 DM)、时分复用与多路 PCM 系统及数字复接技术。第 7 章及第 8 章分别简要地介绍光纤通信系统及微波通信系统。

本书参考教学时数为 36～40 学时。

贵州大学计算机科学系陈孝威教授为本书主编,昆明理工大学计算中心庞淑英副教授为副主编。庞淑英副教授编写第1章及第2章;陈孝威教授编写第3章、第4章及第6章;贵州大学计算机科学系黄初华老师编写第5章及第8章;黄初华老师及陈孝威教授编写第7章。

　　鉴于作者水平有限,难免有不妥之处,欢迎读者指正。

编者
2016 年 12 月

目录

第1章 绪论 ······ 1

1.1 通信系统的模型 ······ 1

1.2 模拟通信系统与数字通信系统 ······ 2

1.3 通信技术发展概况 ······ 4

1.4 通信系统的主要性能指标 ······ 7

习题 ······ 10

第2章 信息论基础 ······ 11

2.1 信息的度量 ······ 11

2.2 信道 ······ 15

2.3 信源编码与信道编码 ······ 23

习题 ······ 29

第3章 模拟调制系统 ······ 30

3.1 幅度调制(线性调制) ······ 30

3.2 线性调制信号的解调及抗噪声性能 ······ 42

3.3 频分复用(FDM) ······ 48

3.4 角度调制(非线性调制) ······ 49

3.5 调频信号的抗噪声性能 ······ 58

3.6 调幅与调频的比较 ······ 59

习题 ······ 60

第4章 数字基带传输系统 ······ 63

4.1 数字基带传输系统的基本结构 ······ 63

4.2 数字基带信号及其频谱特性 ······ 64

4.3 数字基带信号的常用码 ······ 65

4.4 基带脉冲传输与码间干扰 ······ 72

4.5 无码间干扰的基带传输特性 ······ 74

4.6 无码间干扰基带传输系统的抗干扰性能 ······ 76

4.7 眼图与均衡 ······ 79

习题 ······ 81

第 5 章　数字调制系统 ·················· 83

5.1　数字调制系统 ······················· 83

5.2　二进制数字调制原理 ·············· 83

5.3　二进制数字调制系统的抗噪声性能 ·············· 94

5.4　二进制数字调制系统的性能比较 ·············· 103

5.5　多进制数字调制系统 ·············· 105

5.6　改进的数字调制方式 ·············· 110

习题 ·· 110

第 6 章　模拟信号的数字传输 ·············· 112

6.1　模拟信号的数字传输 ·············· 112

6.2　抽样定理 ····························· 113

6.3　脉冲振幅调制（PAM） ·········· 116

6.4　模拟信号的量化 ··················· 118

6.5　脉冲编码调制（PCM） ········· 122

6.6　增量调制（ΔM 或 DM） ······ 129

6.7　时分复用多路 PCM 系统 ······ 132

6.8　数字复接技术 ······················ 135

习题 ·· 137

第 7 章　光纤通信 ·························· 140

7.1　光纤与光缆 ························· 141

7.2　光源与光发射机 ··················· 146

7.3　光电检测器与光接收机 ·········· 151

7.4　光纤通信系统 ······················ 156

第 8 章　微波通信 ·························· 159

8.1　微波简介 ····························· 159

8.2　微波中继通信 ······················ 160

8.3　卫星通信与卫星电视广播 ······· 162

参考文献 ································· 166

第**1**章
绪 论

1.1 通信系统的模型

1.1.1 通信系统的组成

通信系统是指传递信息所需的一切设备的总和。对于点对点的通信,通信系统的任务是将不同形式的消息从发送端传递到接收端。这些被传送的消息通常为符号、文字、语音、音乐、数据、图片、活动图像等。通信系统的一般模型如图 1.1 所示,它由信源、发送设备、信道、接收设备、收信者以及噪声源六部分组成。

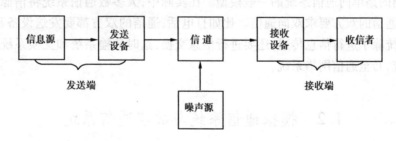

图 1.1 通信系统模型

1.1.2 通信系统各部分的作用

图 1.1 所示的通信系统模型高度地概括了各种通信系统传送信息的全过程和各种通信设备的工作原理。图中的每一个方框都完成某种特定的功能,且每个方框都可能由很多的电路甚至是庞大的设备组成。下面简要概述各组成部分的作用:

(1) 信息源

信息源(又称发送端),指需要传送的消息的来源。根据信号的性质可把信源分为模拟信源和离散信源。信息源的作用是能把各种不同形式的消息转换成原始电信号,电信号是消息

1

的电的表示形式。本教材中研究的均为电信号,因此,在后面提到的信号都是电信号的简称。以电话通信为例,其话筒是消息源,它把语言转换为话音信号。话音信号的频率在 100 ~ 5 000 Hz 范围内,而主要能量又集中在 200 ~ 3 000 Hz 之间。这种具有从零频或近于零频开始的低频频谱的信号称为基带信号。常见的基带信号还有电视图像信号(其频率范围为 0 ~ 6 MHz)和数据信号。

(2)发送设备

发送设备的作用是把信息源输出的原始电信号转换为适合信道传输的信号。发送设备根据传输信号的不同而不同。比如传输基带信号,此时的发送设备比较简单,只要有放大器、滤波器等即可;若采用频带传输,发送设备不仅包括放大器、滤波器,还需要调制器、振荡器等很多部件组成。

(3)信道

信道就是信息传输的通道,又称传输媒介。它的作用是将发送设备输出的、经过变换后的信号,通过不同的信道传输到接收设备中。

(4)接收设备

接收设备完成发送设备的反变换。其主要任务是通过解调、译码、解密,从受噪声影响的有噪信号中区分信号和噪声,正确地恢复出原始信号。比如,对于话音信号,输出转换器就是耳机或扬声器。

(5)噪声源

图 1.1 中的噪声源是信道中的噪声以及分散在通信系统各组成部分中的噪声的集中表现,但噪声主要是来自信道。

(6)收信者

收信者又称接收终端,其作用是将复原的原始电信号转换成相应的消息。

这里介绍的是单向通信系统的一般模型。在实际中,大多数通信系统将信源和收信者合二为一,因为通信的双方要求双向通信。比如打电话,通信的双方都要发送设备和接收设备。此外,通信系统除了进行信息传递,还要进行信息交换,这时传输系统和交换系统组成一个完整的通信系统,乃至通信网络系统。

1.2 模拟通信系统与数字通信系统

通信原理是围绕通信系统模型进行讨论的,图 1.1 所示的是一个反映了通信系统共性的、较概括的一般模型,而在实际应用中,将会使用到不同的、较具体的通信系统模型。本教材从传输信号性质的角度,把通信系统分为:

$$
\begin{cases}
\text{模拟通信系统} \begin{cases} \text{基带传输} \\ \text{频带传输} \end{cases} \\
\text{数字通信系统} \begin{cases} \text{基带传输} \\ \text{频带传输} \end{cases} \\
\text{模拟信号的数字传输系统} \begin{cases} \text{基带传输} \\ \text{频带传输} \end{cases}
\end{cases}
$$

通常按传输信号的特征将信号分为两类:一类称为数字信号,另一类称为模拟信号。往往为了传递信息,需要把消息载荷在电信号的某一参量上,如果电信号的该参量只能取有限个数值,且该取值常常不直接与消息相对应,这种信号称为数字信号;若电信号的该参量可取无限多个数值,且该取值直接与消息相对应,这种信号称为模拟信号。

1.2.1　模拟通信系统

模拟通信系统的模型如图 1.2 所示。从图中可见,传输模拟信号的通信系统需要两种变换:第一种变换是在发送端和接收端进行的,即在发送端将连续消息变换成原始电信号,在接收端又将收到的信号反变换为原连续消息;第二种变换是将原始电信号转换成适合信道传输的信号(由模拟调制器完成),在接收端再进行反变换(由解调器完成),这种变换和反变换的过程称为调制解调。经过调制后的信号称为已调信号或频带信号,而将发送端调制前和接受端解调后的信号称为基带信号。所以,原始电信号又称为基带信号。

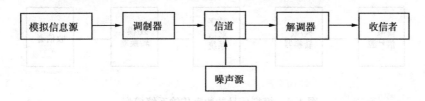

图 1.2　模拟通信系统模型

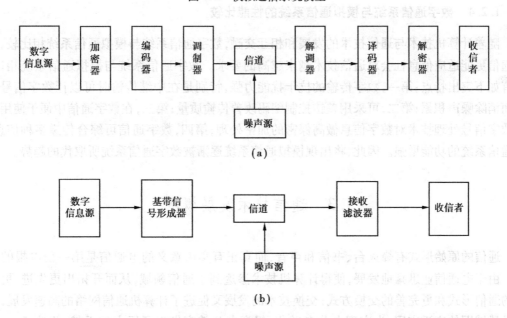

(a)

(b)

图 1.3　数字通信系统的模型
(a)点对点的数字通信系统模型;(b)数字基带传输系统模型

1.2.2　数字通信系统

数字通信系统的模型如图 1.3 所示,远比模拟通信系统的模型复杂,而点对点的数字通信系统模型,通常用如图 1.3(a)来表示。在实际应用中,数字通信系统并非都包括图 1.3(a)所示的所有环节。比如,在不需要保密时,加密与解密就可不要;当进行数字基带传输时,其模型中就不包括调制与解调环节,如图 1.3(b)所示。此外,在数字通信系统模型中必不可少的同步环节,由于它和很多部件结合在一起,其位置往往不固定,故不便单独画出。数字通信系统中传的消息一般都是离散型的,若要在数字通信系统中传送模拟消息,必须在信息源中包括一个模/数转换器,而在受信者中应包括一个数/模转换器。

1.2.3 模拟信号的数字传输系统

这种传输模式是指模拟信号要通过数字信道来传输,其传输的模型如图 1.4 所示。对于模拟信号的数字传输系统,其传输过程为:首先将模拟信号由模/数转换器变换为数字信号,然后按照数字信号传输的方法传输,接收端再将数字信号由数/模转换器变换为模拟信号即可。第 6 章将对该传输系统的原理作较详细的讨论。

图 1.4　模拟信号的数字传输系统模型

1.2.4 数字通信系统与模拟通信系统的性能比较

随着计算机技术与通信技术的发展和相互交融,数字通信系统与模拟通信系统相比较,数字通信更能适应信息社会对通信技术越来越高的要求。数字通信系统与模拟通信系统相比,具有如下突出特点:第一,数字传输的抗干扰能力强,特别是在中继传输时可以让数字信号再生而消除噪声积累;第二,可采用差错控制编码改善传输质量;第三,在数字通信中便于使用现代数字信号处理技术对数字信息做高保密的加密处理;第四,数字通信可综合传递多种信息,使通信系统的功能增强。因此,将出现模拟通信系统逐渐被数字通信系统所取代的趋势。

1.3　通信技术发展概况

通信的原始形式有烽火台、书信和声音,而真正有实用意义的电通信是第一份电报的诞生。由于电通信业迅猛地发展,使得计算机技术渗透到了通信领域,从而开拓出更先进、更新颖的通信形式和更完善的交换方式;交换技术的发展又促进了计算机通信网络的高速发展,尤其是局域网的广泛应用,为实现办公自动化、提高办公效率做出了巨大的贡献;此外,Internet互联网的应用,实现了全球的计算机通信,开创了"信息高速公路"的崭新局面。

1.3.1 通信发展简史

从 19 世纪至今,通信的发展大致经历了以下阶段:
- 1925 年　莫尔斯电码出现,莫尔斯发明有线电报。

- 1926 年　麦克斯韦提出电磁辐射方程。
- 1927 年　贝尔发明电话。
- 1928 年　马可尼发明无线电报。
- 1929 年　调幅无线电广播、超外差接收机问世。
- 1930 年　开始采用三路明线载波电话和多路通信。
- 1931 年　调频无线电广播开播。
- 1932 年　脉冲编码调制原理的发明。
- 1933 年　电视广播开播。
- 1934 年　香农提出信息论,通信统计理论建立。
- 1935 年　时分多路通信技术应用于电话。
- 1936 年　敷设了远洋电缆。
- 1957 年　发射了第一颗通信卫星。
- 1958 年　发射第一颗同步通信卫星,脉冲编码调制进入实用阶段。
- 20 世纪 60 年代后期　数字传输理论和技术得到发展,数字通信日益兴旺。
- 20 世纪 70 年代　商用卫星通信、数字交换技术、光纤通信、微机控制通信等迅速发展。
- 20 世纪 80 年代　长波长光纤通信系统和移动通信得到广泛应用,综合业务数字网崛起。
- 20 世纪 90 年代以后　计算机通信网络和国际互联网络 Internet 蓬勃发展。

综上所述,可见通信技术的发展经历了从模拟到数字的一个漫长的发展过程。当今信息社会,对现代通信技术的要求越来越高,随着超大规模集成电路、计算机技术、通信技术、数字信息处理技术以及交换技术的深入发展和相互影响,数字通信将在国际国内的各种通信网中占据主导地位。

1.3.2　通信技术发展现状与趋势

从 20 世纪 30 年代开始,由于调制理论、信息论、预测理论、统计理论、随机过程理论、交换技术、数字信号处理技术等基础理论的逐渐形成和成熟,通信技术的发展取得了一系列突破。下面从传输信息所使用的媒介的角度来讨论通信技术的发展现状及发展趋势。

(1)线通信技术的发展现状及发展趋势

在本教材中主要介绍电缆通信和光纤通信。

1)电缆通信

电缆可分为对称电缆和同轴电缆。对称电缆广泛地用于市话中继线、用户线路和部分长途线路通信;同轴电缆多用于高频传输系统。电缆通信是最早发展起来的通信手段,在我国早期的长途通信和国际通信中曾经起过重要的作用。目前,电缆通信中主要采用模拟单边带调制和频分多路复用(SSB/FDM)技术,从而增大了通信容量。国际上的同轴电缆最高容量高达 13 200 路,我国沪—杭、京—汉—广同轴电缆干线可通 1 800 路载波电话。由于各国致力于发展脉冲编码调制时分多路信号在同轴电缆中的基带传输技术,使得数字电话的容量可达到 4 032路。但随着近年来光纤通信的飞速发展,同轴电缆通信将逐渐被光纤电缆通信所取代。

2)光纤通信

光纤即光导纤维的简称。它以光波为载波,是传送光信号的媒体。自 1977 年世界上第一个光纤通信系统在芝加哥投入运行以来,光纤通信在世界范围内得到了广泛的应用。新器件、新工艺、新技术使光纤从 $0.85\mu m$ 的短波长多模光纤发展到 $1.31\sim1.55\mu m$ 的长波长单模光纤(单模指光纤中只能传输一种光波的模式;多模则是指光纤中传输的模式不止一个),由于光波波段的频率范围极宽,每芯光纤通话路数可达百万路,中继距离超过 100km,使市话中继光纤通信系统的成本大幅度地降低。至今我国光纤通信系统累计光缆长度达 9 000km,预计 10 年内光缆的敷设长度将达到 10 万 km。众所周知,在长途通信网和本地通信网中,现用的电缆通信网已逐渐被光纤通信网代替;在当今的信息社会中,传输大量信息的媒介将由光纤来构成。光纤通信的主要发展趋势是对单模长波长光纤通信、大容量数字传输技术、相干光通信的应用。

(2)无线通信技术的现状和发展趋势

无线通信技术自 1837 年马可尼发明无线电报的一百多年以来,从超长波开始到短波、米波、分米波以及厘米波,乃至毫米波、亚毫米波等通信技术的开发与应用,极大地拓宽了无线通信技术的应用领域。下面主要介绍卫星通信和移动通信。

1)卫星通信

卫星通信是地球上(包括地面、水面和低层空间)的无线电通信站之间利用人造地球卫星作中继站而进行的通信。自 1965 年第一颗国际通信卫星投入商用至今,卫信通信作为现代通信技术的一种新的通信方式,已在国际通信、国内通信、国防通信、移动通信以及广播电视等领域得到广泛的应用。目前,仅国际通信组织就拥有数十万条话路,80% 的洲际通信业务和 100% 的远距离电视传输业务也都采用卫星通信。

我国从 20 世纪 70 年代开始将卫星通信用于国际通信,1985 年国内卫星通信开始得到发展,并建设了国内公用卫星通信网和若干专用网。在卫星通信中,目前大量使用的是模拟调制、频分多路和频分多址的处理技术;为使卫星通信朝更高频段发展,多波束卫星和星上处理等新技术应运而生,地面系统的发展趋势是小型化、微型化。

2)移动通信

移动通信是指在运动中的通信,即在移动用户与固定点用户或移动用户之间的通信方式。移动通信技术涉及各种复杂环境中无线电波的传播问题,因此,它的发展经历了一个漫长的过程。

从 20 世纪 70 年代美国使用了第一代无绳电话系统开始,为了满足日益增长的通信容量的高速发展,第二代蜂窝网应运而生,即全数字蜂窝移动通信网发展起来了。80 年代初,900MHz 无中心选址系统在日本和亚洲发展中国家中得到较快的发展;80 年代末期,数字式无绳电话(CT2)在英国投入商用,紧接着瑞典的 CT3 相继问世;90 年代,美国提出了用几十颗低轨卫星覆盖全球的卫星移动通信系统,使实现个人通信的第三代移动通信在全球迅猛发展。我国的公用移动通信系统建立于 70 年代末 80 年代初,使用的频率是 150MHz,于 1987 年在广州市开通了第一个蜂窝网移动电话业务,此后,在北京、重庆、上海等地陆续建立起蜂窝网,但这些蜂窝网系统设备均为国外引进的。根据邮电部"25~1 000MHz 陆地公众移动通信网技术体制"的暂行规定,我国模拟制蜂窝网采用 TACS(Total Access Communication System)体制,国家科委于 1989 年开始组织开发国产模拟制蜂窝移动电话系统。由于移动通信的特殊的技术问题,因此,研究窄带数字调制技术、卫星通信技术和计算机技术将成为移动通信发展的关键。可预测移动通信发展的总趋势是向系统小型化、自动化、大容量、标准化、多功能以及越来越灵活的组网入网方式等方向发展。

以上只介绍了无线电通信和有线通信中主要的几种通信技术发展现状,其他还有微波中继通信、短波通信、散射通信等,在此就不一一列举了。

1.4　通信系统的主要性能指标

性能指标通常又称为质量指标。衡量一个通信系统性能的指标很多,概括起来有以下7项:

①有效性:表征消息传输速度快慢的指标;

②可靠性:表征消息传输质量优劣的指标;

③适应性:指通信环境所使用的条件;

④标准性:指元件的标准性、互换性;

⑤经济性:指成本是否低廉;

⑥保密性:指系统是否便于加密;

⑦维护性:使用维修是否方便。

以上7项质量指标中,需要考虑的主要性能指标是有效性和可靠性。因为通信的有效性是指消息传输的"速度"问题,即在给定的信道内能传输的信息内容有多少;可靠性是指消息传输的"质量"问题,即接收信息的准确程度。显然,可靠性和有效性是两个互相矛盾的问题,实际中只能是在满足一定程度的可靠性的前提下,尽量提高消息的传输速度;或者在维持一定有效性性能的前提下,尽可能地提高传输质量。然而,模拟通信系统和数字通信系统对有效性和可靠性这两项指标要求的具体内容是不同的,因而将分别予以讨论。

1.4.1　模拟通信系统的主要性能指标

(1)有效性

模拟通信的有效性取决于消息所包含的信息量和对信息源的处理,可用单位时间内传输的信息量来衡量。若某模拟通信系统单位时间内传输的信息量越大,或在一定频带范围内传输的消息越多,那么该模拟通信系统的有效性就越好。在实际应用中,模拟通信系统中的有效性可用有效传输频带来度量,传递同一个消息,若采用不同的调制方式,则需要不同的频带宽度。例如,用单边带(SSB)调制和普通调幅(AM)两种调制方式进行比较,对传送一路话音信号,SSB占用频带只有AM的一半,即指在一定频带内传输用SSB调制的信号的路数比AM的多一倍,也就是说可以传输的信息更多。因此,SSB的有效性比AM的有效性好。

(2)可靠性

模拟通信系统的可靠性用接收端最终收到的信号的信噪功率比(S/N)来表示。信噪比是指接收端输出的信号平均功率与噪声平均功率之比。S/N的比值越大,通信质量越高,即可靠性越好。一般无线电通信时,要求$S/N \geqslant 26\text{dB}$;话音信号能听清95%以上的,要求$S/N \geqslant 40\text{dB}$;电视节目看起来很清晰,要求$S/N \geqslant 40\text{dB}$以上。与有效性一样,采用不同的调制方式能得到不同的信噪比,如调频信号在相同信道信噪比的情况下,其性能就比调幅信号好,而调频信号所需传输频带宽度却大于调幅信号。

1.4.2 数字通信系统的主要性能指标

(1)有效性

在数字通信系统中,传输的都是离散的数字信号,因此,用信号传输的速度来衡量数字通信系统中传输的有效性。具体用传码率和传信率两项指标来衡量。

1)传码率(N_b)

传码率是指每秒传送的码元数(或脉冲数),单位为波特。这是衡量数字通信系统有效性的重要指标之一。通常把传码率称做码元速率或数码率(或波形速率或信号速率等)。比如,某系统每秒传送2 400个码元,则传码率为2 400波特。用N_b表示传码率,一个码元(或脉冲)的宽度用T_b表示。为计算传码率,先给出以下定义:

- 单位:用大写的"B"来表示,叫做波特。
- 符号:码元速率的符号用N_b来表示。
- 计算公式为:

$$N_b = 1/T_b \tag{1.1}$$

数字信号有二进制和多进制,但码元速率与信号的进制无关,只与码元持续的时间(码元宽度T_b)有关,如图1.5(a)、(b)所示。

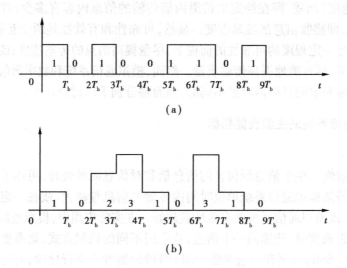

图1.5 二进制与四进制数字号
(a)二进制;(b)四进制

对于M进制信号的传码率的计算公式为式(1.2)所示:

$$N_{bM} = N_{b2} = 1/T_b \tag{1.2}$$

2)传信率(R)

传信率是指单位时间内所传输的信息量的大小,单位为 bit/s(比特/秒)。这里"bit"是信息量单位(在第2章中将详细讨论),故又把传信率叫做比特率。比如,某通信系统的信息速率为1 200bit/s,其含义是每秒可传送1 200个二进制脉冲。这样,当信道一定时,信息速率愈高,有效性就愈好。要提高信息传输速率,采用多进制传输是可取的。对于M进制信号,其传

信率的计算公式为:

$$R = N_b \log_2 M \qquad (1.3)$$

式中,M 表示 M 进制,N_b 表示传码率。

3)传信率和传码率间的互换

通过引入信息量的概念,可找到 M 进制的传信率和传码率间互相转换的关系式,下面给出信息量的定义:

- 定义:衡量各种不同消息中包含信息多少的标准称为信息量。
- 单位:信息量的单位用"bit"表示,叫做比特。
- 符号:信息量用符号 I 表示。
- 计算公式:

$$I_M = \log_2 M \qquad (1.4)$$

式中,M 表示 M 进制。

从以上对信息量的描述得知,当数字通信系统传输的是一个二进制数字信号"1"、"0",且 $P(0) = P(1) = 0.5$ 时,可计算出一个码元包含的信息量为 1bit,即

$$I_2 = \log_2 2 = 1 \ (\text{bit}) \qquad (1.5)$$

此时,$M=2$。

同理,四进制信号($M=4$)的一个码元包含的信息量为:

$$I_4 = \log_2 4 = 2 \ (\text{bit}),即 I_4 = 2 I_2 \ (\text{bit}) \qquad (1.6)$$

以此类推,可计算出八进制、十六进制乃至 M 进制的一个码元所携带的信息量的值。由此即可推导出传信率 R 与传码率 N_b 间的关系式:

$$R = N_b \log_2 M \qquad (1.7)$$

从传信率的计算公式可看出,因为信息量与进制有关,所以传信率也与进制有关,并且传信率和传码率之间可以通过式(1.7)互相转换。

(2)可靠性

数字通信的可靠性是衡量系统传输信息可靠程度的重要性能指标,通常用差错率来描述。差错率有两种表示方法:误码率 P_B 和误信率 P_b。

1)误码率(P_B)

所谓误码率,又称为误符号率,是指错误接收的码元数在传送的总码元数中所占的比例,计算公式为:

$$P_B = \lim_{n_B \to \infty} \frac{n_{eB}(\text{差错码元数})}{n_B(\text{传输的码元总数})} \qquad (1.8)$$

在数字通信系统中,不能笼统地说误码率越低越好。在传输速率一定的条件下,误码率越低,设备就越复杂。

2)误信率

所谓误信率,又称误比特率,是指错误接收的比特数与传输消息的总比特数之比,计算公式为:

$$P_b = \lim_{n_b \to \infty} \frac{n_{eb}(\text{差错消息的比特数})}{n_b(\text{传输消息的总比特数})} \qquad (1.9)$$

习 题

1.1 叙述模拟信号与数字信号的区别。

1.2 简述数字通信系统和模拟通信系统模型的组成及各部分的作用。

1.3 分别阐述数字通信系统和模拟通信系统的主要性能指标。

1.4 已知某数字通信系统传输的二进制信号的码元宽度 T_b 为 $10\mu m$，且"1"、"0"等概率出现，试求：①传码率 N_b；②传信率 R；③信息量；④若传输的信号是四进制，且各种码元等概率出现，求该系统的信息速率（传信率）为多少？

1.5 一个八进制数字通信系统，码元速率为 20 000 波特，连续发送 1 小时以后，接收端收到的错误码元为 10 个，求这个通信系统的误码率 P_B 是多少？

第2章
信息论基础

信息论是利用概率论和数理统计方法来研究信息处理和传输的学科。通信系统的可靠性和有效性始终是通信系统研究的重点,本章围绕通信系统的可靠性和有效性,着重讨论以下两个方面的问题:

①香农公式 香农公式从理论上阐述了通信系统中有效性和可靠性统一的依据,以此能计算出通信系统的极限传输性能。

②信源编码和信道编码 信源编码用在数字通信系统中,将信源输出的信号有效地变换为二进制序列,即如何用尽可能少的二进制代码来表示信源输出的信息,也就是研究如何提高数字通信系统的有效性的问题;而信道编码是研究如何提高数字通信可靠性所采用的编码,它又称为可靠编码或抗干扰编码。

在介绍以上两个问题的过程前,首先介绍一些有关信息论的基本知识。

2.1 信息的度量

信息是指消息中包含的有意义的内容。消息与信息的区别在于:消息是以具体信号的某种形式表现出来,但信息的含义却更普遍化、抽象化。进一步地讲,不同形式的消息可以包含相同的信息。比如,天气预报(这是信息),可用语音和文字等形式(这是消息)来发送。一个通信系统传输信息的多少用"信息量"去衡量。那么怎样来定量测定信息量的大小呢? 在讨论信息的度量之前,首先介绍一下消息的统计特性。

2.1.1 消息的统计特性

以上讨论的是消息的定义和度量。实际上,通信的过程就是信号和噪声通过通信系统的过程。通信的目的是为了传递接收者所需要知道的信息,而这些信息的某个或某几个参数不能预知或不能完全预知(若能预知,通信就失去了意义)。也就是说,通信系统中所传输的信号是随机信号,而随机信号和噪声统称为随机过程。随机事件发生的可能性对应于一定的概率,随机变量也因一定的概率取各种可能的值。根据信号的某一参量可取有限个数值或无限个数值,可将信号分为离散型和连续型两大类,相应地将产生离散信息的信源称为离散信息源,产生连续信息的信源称为连续信息源。

2.1.2 离散信源的信息度量

将离散消息源看成是有限个状态的随机序列,其表现形式是 N 种符号 $x_1,x_2,x_3,\cdots,x_N$ 组成的集合,即是一系列由"0"、"1"等组成的离散消息。离散信源的统计特性有如下特点:

①组成离散信源的符号的个数是有限的。例如,一篇英文资料,无论内容多深奥,词汇有多丰富,但它总是出自 26 个英文字母。

②组成离散信源的各个符号出现的概率是不同的。对大量消息进行统计,发现每一个符号都是按一定概率在消息中出现的。例如,在英文资料中,符号"e"出现最多,符号"z"出现最少。有专家统计列出了中文电报中 10 个阿拉伯数字出现的概率如表 2.1 所示。

表 2.1 中文电报中 10 个阿拉伯数字出现的概率

数字	0	1	2	3	4	5	6	7	8	9
概率	0.26	0.16	0.08	0.062	0.06	0.063	0.155	0.062	0.048	0.052

可把表 2.1 中的符号集及其对应的概率用概率集来表示。设离散信源 X 是由 N 种符号 $x_1,x_2,x_3,\cdots,x_N$ 组成的集合,且每个符号出现的概率分别为 $p(x_1),p(x_2),p(x_3),\cdots,p(x_N)$。若 x_i 为中文电报中的符号"1"的话,则相应的概率为:

$$p(x_i) = p(1) = 0.16, \quad 0 \leqslant p(x_i) \leqslant 1$$

且

$$\sum_{i=1}^{N} p(x_i) = 1$$

2.1.3 离散信源的信息量

通过对离散信息的统计特性的讨论后可知,消息中所含的信息量 I 与消息出现的概率 $p(x)$ 间应满足如下关系:

①消息中所含的信息量 I 是出现该消息的概率 $p(x)$ 的函数:

$$I = I[p(x)] \tag{2.1}$$

②消息出现的概率愈小,它所包含的信息量就愈大,反之,信息量愈小。当 $p(x) = 1$ 时,$I = 0$,即该事件是必然的(概率为1),所传递的信息量为零。若事件是不可能的(概率为0),它所包含的信息为无穷。

③若离散信源是由若干独立事件构成,所包含的信息量就等于各独立事件信息量的和,即

$$I[p(x_1)\ p(x_2)\cdots] = I[p(x_1)] + I[p(x_2)] + \cdots \tag{2.2}$$

要满足上述要求,采用消息出现的概率的对数来测量离散消息的信息度量单位是合理的,它适合信息的可加性。即某离散消息 x_i 所携带的信息量可定义为:

$$I(x_i) = \log_a \frac{1}{p(x_i)} = -\log_a p(x_i) \tag{2.3}$$

信息量的单位由对数的底数 a 来确定。当 $a = 2$ 时,信息量的单位为比特(bit);当 $a = e$ 时,信息量的单位为奈特(nit);当 $a = 10$ 时,信息量的单位为哈特莱(或称十进制单位);通常广泛使用的单位是比特。

例 2.1 已知二元离散信源只有 m 和 n 两种符号,若 m 出现的概率为 1/3,求符号 n 的信

息量。

解 据题意知,出现符号 n 的概率为 2/3,由式(2.3)可计算出现 n 的信息量为:

$$I(n) = \log_2 \frac{1}{2/3} = 0.585 \text{ (bit)}$$

例 2.2 由表 2.1 知,中文电报中"4"出现的概率是 0.06,而"6"出现的概率是 0.155。分别求"4"和"6"出现时的信息量。

解 据题意知:

$$I_4 = \log_2 \frac{1}{0.06} = 4.059 \text{ (bit)}$$

$$I_6 = \log_2 \frac{1}{0.155} = 2.69 \text{ (bit)}$$

例 2.3 一信息源由 4 个符号"0"、"1"、"2"、"3"组成,它们出现的概率分别是 3/8,1/4,1/4,1/8,且每个符号的出现都是独立的,试求某个信息:

20102013021300120321010032101002310200201031203210012021 0

的信息量。

解 例 2.1 和例 2.2 都属于单一符号出现的信息量,现在要计算的是一串符号构成的消息的消息量,且各符号均独立出现。由式(2.2)信息的相加性的概念,可计算出整个消息的信息量。在这条信息中,"0"出现 23 次,"1"出现 14 次,"2"出现 13 次,"3"出现 7 次,该消息共有 57 个符号。

出现"0"的信息量:

$$I_0 = 23 \times \log_a \frac{1}{p(x_i)} = 23 \times \log_2 \frac{1}{3/8} = 33 \text{ (bit)}$$

出现"1"的信息量:

$$I_1 = 23 \times \log_2 \frac{1}{1/4} = 28 \text{ (bit)}$$

出现"2"的信息量:

$$I_2 = 13 \times \log_2 \frac{1}{1/4} = 26 \text{ (bit)}$$

出现"3"的信息量:

$$I_3 = 7 \times \log_2 \frac{1}{1/8} = 21 \text{ (bit)}$$

则该消息的信息量为:

$$I = I_0 + I_1 + I_2 + I_3 = 33 + 28 + 26 + 21 = 108 \text{ (bit)}$$

平均一个符号的信息量为:

$$I = \frac{I}{\text{符号数}} = \frac{108}{57} = 1.89 \text{ (bit/ 符号)}$$

2.1.4 离散信源的平均信息量

在消息的长度很长时,用上面讨论的以符号出现的概率计算消息的信息量就很繁琐,通常利用式(2.4)来计算由 N 个符号组成的离散信源的平均信息量,即每个符号所包含的信息量的统计平均。因式(2.4)与统计热力学中熵的定义一样,所以称信源的平均信息量为熵(Entropy)。熵的单位与信息量的单位有关,定义为:

$$H(X) = -\sum_{i=1}^{N} p(x_i) \log_a p(x_i) \tag{2.4}$$

例 2.4 计算例 2.3 中信源的平均信息量。

解
$$\begin{aligned}
H(X) &= -\sum_{i=1}^{N} p(x_i) \log_a p(x_i) \\
&= (-3/8 \log_2 3/8) + (-1/4 \log_2 1/4) + (-1/4 \log_2 1/4) + (-1/8 \log_2 1/8) \\
&= 1.906 \ (\text{bit/ 符号})
\end{aligned}$$

该计算结果与例 2.3 中的计算结果的误差将随着消息序列的长度的增大而趋于零。不同的离散信息源可能有不同的熵值,但总期望熵值越大越好。

例 2.5 有 5 个离散事件,它们组成的概率集为:

$$p(x_1) = 1/2, p(x_2) = 1/4, p(x_3) = 1/8, p(x_4) = 1/16, p(x_5) = 1/16,$$

求该信源的平均信息量 $H(X)$。

解
$$\begin{aligned}
H(X) &= -\sum_{i=1}^{N} p(x_i) \log_a p(x_i) \\
&= (-1/2 \log_2 1/2) + (-1/4 \log_2 1/4) + (-1/8 \log_2 1/8) + (-1/16 \log_2 1/16) + \\
&\quad (-1/16 \log_2 1/16) = 1.875 \ (\text{bit/ 符号})
\end{aligned}$$

可以证明,在离散信源中,当组成消息的 N 个符号都是等概率出现,且每个符号的出现统计独立时,该信源的平均信息量最大,即最大熵可表示为:

$$H_{\max} = -\sum_{i=1}^{N} \frac{1}{N} \log_a \frac{1}{N} = \log_a N \tag{2.5}$$

2.1.5 连续信源的平均信息量

连续消息是时间的连续函数,连续消息的信源就是这些连续函数的集合。可采用抽样定理来处理连续消息,其方法是:将一个频率带宽在 $0 \sim W$ Hz 内、持续时间为 T 的连续信号,用间隔为 $1/2W$ s 的速率进行抽样,得到的抽样的样点数有 $n = (1/2W)T$,其抽样序列可以没有任何信息损失地完全还原成原信号。这样可把连续消息看成是离散消息的极限情况,可采用概率密度 $f(x_i)$ 来描述连续消息的信息量。将抽样值的取值范围分成 $2N$ 个小的区域 Δx,当 $N \to \infty$ 时,取值落在 Δx_i 区域内的概率可近似表示为:

$$F(x_i \leq x \leq x_i + \Delta x_i) \approx f(x_i) \Delta x_i$$

由式(2.4)可得到每个抽样点(各抽样点是统计独立的)包含的平均信息量为:

$$H(x) \approx -\sum_{i=-N}^{N} f(x_i) \Delta x_i \log_a [f(x_i) \Delta x_i]$$

当 $N \to \infty$,$\Delta x_i \to 0$ 时,由上式可求出连续消息每个抽样点的平均信息量为:

$$H(x) = \lim_{\substack{\Delta x_i \to \infty \\ N \to \infty}} \left\{ -\sum_{i=-N}^{N} f(x_i) \Delta x_i \log_a [f(x_i) \Delta x_i] \right\}$$

$$= -\int_{-\infty}^{\infty} f(x) \, dx \{ \log_a [f(x) \, dx] \}$$

$$= -\int_{-\infty}^{\infty} f(x)\log_a f(x)\,\mathrm{d}x - \log_a \mathrm{d}x \int_{-\infty}^{\infty} f(x)\,\mathrm{d}x$$

$$= -\int_{-\infty}^{\infty} f(x)\log_a f(x)\,\mathrm{d}x + \log_a \frac{1}{\mathrm{d}x} \tag{2.6}$$

上式中的 $f(x)$ 是连续消息出现的概率密度，$\log_a \dfrac{1}{\mathrm{d}x}$ 为无穷大，在计算熵的变化或在比较不同连续消息的熵时，由于这一项始终出现而可相互抵消。实际上，可把式(2.6)写成为：

$$H(x) = -\int_{-\infty}^{\infty} f(x)\log_a f(x)\,\mathrm{d}x \tag{2.7}$$

式(2.6)的计算结果叫做绝对熵，式(2.7)的计算结果叫做相对熵。需要指出的是，相对的信息度量与所处的坐标有关系，下面将会讨论到这个问题。

　　例 2.6　有一连续信息源的输出信号的取值范围为 $(-1,+1)$，其概率密度函数 $f(x)=1/2$，由式(2.7)计算该连续信息源的平均信息量。若将输出信号放大 2 倍，试求平均信息量。

　　解　根据题意，得：

$$H(x) = -\int_{-\infty}^{\infty} f(x)\log_a f(x)\,\mathrm{d}x = -\int_{-1}^{1} 1/2\log_2 1/2\,\mathrm{d}x = 1 \ (\mathrm{bit})$$

放大 2 倍后，取值范围为 $(-2,+2)$，$f(x)=1/4$，其平均信息量为：

$$H'(x) = -\int_{-2}^{2} 1/4\log_2 1/4\,\mathrm{d}x = 2 \ (\mathrm{bit})$$

计算结果发现，信号放大后，仅是信息量的相对熵发生了变化，而信号的绝对熵并未发生变化。这是因为式(2.6)中的第二项 $\log_a \dfrac{1}{\mathrm{d}x}$ 随着信号放大 2 倍变为：

$$\log_a \frac{1}{2\mathrm{d}x} = \log_a \frac{1}{\mathrm{d}x} - \log_a 2$$

即信号放大了 2 倍，$\log_a \dfrac{1}{2\mathrm{d}x}$ 所包含的信息量减小了 1bit。

　　获得离散信源的最大熵取决于各符号等概率且统计独立出现，而连续信源的最大熵则取决于消息源输出取值上所受到的限制，常见的限制有峰值受限和均方值受限两种。

2.2　信　道

　　载荷着信息的信号所通过的通道(或称媒质)称为信道。如何使信号在信道中有效而可靠地传输，这就是将要讨论的信道的传输特性的问题。从研究消息的传输的角度来定义，可将信道分为广义信道和狭义信道两种。狭义信道只包含传输的媒质，而广义信道除包括传输媒质外，还包括信号的变换设备，如接收设备、发送设备、馈线、调制解调器等。然而值得注意的是狭义信道是广义信道的重要组成部分，它直接影响着通信效果的好坏。在讨论通信的一般原理时，常采用广义信道。因此，在后面的讨论中均把广义信道简称为信道。

2.2.1　信道的模型

　　通常，根据信道所包含的功能把它分为调制信道和编码信道。研究调制和解调时，无论信号的变换和传输的过程怎样,仅是对已调信号进行某种变换,所以,采用调制信道为研究的模型是很方便的。当从编码和译码的角度来讨论时,因从编码器输出的是一串数字序列,而译码器的输入同样也是一串数字序列(它们可能是不同的数字序列),所以,用编码信道来讨论数字序列的变换是有益的。信道的模型如图 2.1 所示,不同的信道其特性相差很大,但可以利用它们的共性建立起信道模型来进行研究。

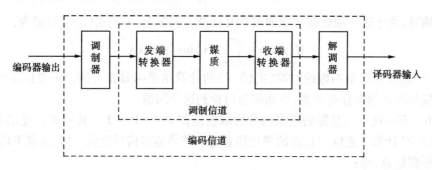

图 2.1　调制信道和编码信道

下面分别用调制信道模型和编码信道模型对信道的一般特性及其对信号传输的影响进行讨论。

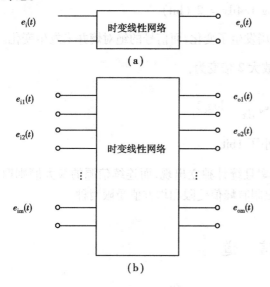

图 2.2　调制信道模型

(a)二对端调制信道模型;(b)多对端调制信道模型

(1)调制信道(模拟信道)模型

研究表明,调制信道具有以下共性:

①有一对(或多对)输入端和一对(或多对)输出端;

②大多数满足叠加原理,即为线性信道;

③信号通过信道时具有一定的延迟时间和损耗;

④在信道中,无论信号存在与否,噪声总是存在的。

为描述信道的共性,采用如图 2.2 所示的时变线性网络来表示调制信道,该网络又称为调制信道模型。

由图 2.2(a)可列出二对端调制信道模型的关系表达式如下:

$$e_o(t) = f[e_i(t)] + n(t) \qquad (2.8)$$

式中:$e_i(t)$——输入的已调信号;

$e_o(t)$——信道的输出波形;

$n(t)$——信道加性噪声;

$f[e_i(t)]$——$e_i(t)$通过时变线性网络所发生的线性变换。

信道中的加性噪声(简称噪声)独立于有用信号,但却始终干扰有用信号,给通信造成不可避免的危害。加性噪声主要来自人为噪声、自然噪声、内部噪声三个方面。这些噪声有的是确知的,有的是不可预测的(或称随机噪声),这里只讨论随机噪声对信号的影响。常见的随机噪声有单频噪声、脉冲噪声和起伏噪声,下面着重介绍起伏噪声的基本特性。

起伏噪声是以热噪声、散弹噪声及宇宙噪声为代表的噪声,这些噪声始终存在于时域内和频域内。它们都可被认为是一种高斯噪声,且在整个频率范围内具有平坦的功率谱密度(故又称为白噪声),因此,热噪声、散弹噪声及宇宙噪声通常被近似地表述成高斯白噪声。从通信系统来看,起伏噪声是最基本的噪声来源;但从调制信道的角度来看,起伏噪声在到达调制器之前,一般要经过接收转换器过滤,即滤出有用信号和消除部分噪声,等效于一个带通滤波器(常常是一种线性网络)。此时,输出的噪声通常满足"窄带"的定义和高斯分布,所以又叫窄带噪声或窄带高斯噪声。

假定

$$f[e_i(t)] = k(t)\, e_i(t)$$

则信道的总输出波形为:

$$e_o(t) = k(t)\, e_i(t) + n(t) \tag{2.9}$$

式中,$k(t)\, e_i(t)$ 反映了网络特性对 $e_i(t)$ 的作用。$k(t)$ 称做乘性干扰,是对 $e_i(t)$ 的一种干扰。与加性干扰 $n(t)$ 不同的是,乘性干扰 $k(t)$ 依赖于网络,而加性干扰是独立于 $e_i(t)$ 的。通常又称式(2.9)为二对端信道的数学模型。

实际上,调制信道是通过的 $k(t)$ 和 $n(t)$ 使已调制信号发生模拟性的变化,所以,信道的传输特性是因其数学模型中的乘性干扰 $k(t)$ 和加性干扰 $n(t)$ 的不同而致。信道的乘性干扰 $k(t)$ 是一种很复杂的函数,它可能包括各种线性畸变和非线性畸变。有些信道的 $k(t)$ 对信号的影响是固定的或变化极为缓慢的,也就是说 $k(t)$ 基本不随时间变化;而有些信道的 $k(t)$ 是随机快速变化的。因此,鉴于乘性干扰 $k(t)$ 是否随时间变化的特性,可将信道大致分为恒定参量信道和随机参量信道两大类。

(2)编码信道(或数字信道)模型

编码信道的作用是把一种数字序列变换成另一种数字序列,故编码信道又被称为数字信道。由于编码信道中包含了调制信道,因此调制信道对其特性产生着一定的影响,这种影响表现在输出端的数字序列以某种概率发生差错。通常,编码信道模型用数字的转移概率来表示,如图 2.3 所示。该模型是一个二进制数字传输系统编码信道的简单模型,假设解调器输出的每个码元的差错发生为相互独立的(或者说信道是无记忆的),即某个输出码元发生的差错只取决于当前的输入符号,与前后或其他输入的符号无关。然而,实际中的信道往往是有记忆的,每个输出的符号不但与当前输入符号有关,而且与以前的若干各输入符号有关,但其信道模型和数学表达式都很复杂。因无记忆信道模型的数学表达式及分析最简单,所以仅以这种情形来讨论。

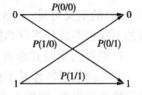

图2.3 二进制数字编码信道模型

图 2.3 模型中的 $p(y_i/x_i)$、$p(x_i/y_i)$ 称为信道转移概率,$p(y_i/x_i)$ 表示信道发送符号为 x_i,而信道接收到的符号为 y_i 的条件概率。

图 2.3 中的 $p(0/0)$ 与 $p(1/1)$ 是正确的转移概率,$p(1/0)$ 与 $p(0/1)$ 是错误的转移概率。显然,可以得到这样两个等式:$p(0/0) = 1 - p(1/0)$,$p(1/1) = 1 - p(0/1)$。需要指出的是,编码信道的特性决定了信道的转移概率,而转移概率可对实际编码信道做大量的统计分析后得到。

2.2.2 信道的分类

通过了解信道的模型后可知,不同的信号在相应的信道中有不同的传输方式,信道中存在噪声和干扰,通信系统的传输质量与信道的传输特性密切相关。所以,了解信道的类型及特性对合理、有效地构建通信系统至关重要。

通常,将信道分为无线信道和有线信道两类。有线信道包括明线、电缆(对称电缆、同轴电缆)、光缆等;无线信道包括微波、卫星、短波等。

在上一节中,讨论信道模型时从信道的功能出发,将信道划分为编码信道和调制信道(编码信道特性与调制信道紧密相关),并利用信道的共性导出了信道的数学模型式(2.8)。由式(2.8)中的乘性干扰 $k(t)$ 是否随时间变化,又将调制信道分为两类:一类是恒定参量信道,另一类是随机参量信道。本章就此分类,对恒定参量信道和随机参量信道的特性及其对信号传输的影响分别进行讨论。

2.2.3 信道的特性以及对信号传输的影响

(1)恒参信道特性及其对信号传输的影响

1)传输特性与不失真条件

恒参信道对信号传输的影响是固定不变的或者是变化极为缓慢的,因而可以认为它等效于一个非时变的线性网络。因此,在原理上只要得到这个网络的传输特性,利用信号通过线性系统的分析方法,就可得到调制信号通过恒参信道后的变化规律。网络的传输特性 $H(\omega)$ 可用幅频特性 $|H(\omega)| \sim \omega$ 及相频特性 $\phi(\omega) \sim \omega$ 来描述。如果希望信号通过信道后不产生失真,则信道的传输特性应满足以下不失真条件:

$$\begin{cases} |H(\omega)| \sim \omega & \text{为一条水平线} \\ \phi(\omega) \sim \omega & \text{成线性关系} \end{cases}$$

引入群迟延—频率特性 $\tau(\omega)$,它被定义为相频特性的导数,即

$$\tau(\omega) = \frac{\mathrm{d}\phi(\omega)}{\mathrm{d}\omega}$$

由 $\tau(\omega)$ 的定义可见,若 $\phi(\omega) \sim \omega$ 成线性关系,则 $\tau(\omega) \sim \omega$ 的曲线是一条水平线。这时,信号的不同频率成分将有相同的时延,因而信号经过该信道传输后将不会发生失真。

2)两种失真及其影响

实际的信道特性并不理想,即实际信道的传输特性 $H(\omega)$ 不满足不失真条件,信号通过信道后将产生失真,这种失真可分为幅频失真和相频失真。

①幅频失真　幅频失真是指幅度—频率畸变,它是由信号中不同频率成分分别受到信道不同的衰减所产生的。它对模拟通信影响较大,导致信号波形畸变,输出信噪比下降。

②相频失真　相频失真(基因型群迟延失真)是由信号中不同频率成分分别受到信道不同的时延所产生的。它对数字通信影响较大,会引起严重的码间干扰,造成误码。

综上所述,恒参信道通常用它的幅频特性 $|H(\omega)| \sim \omega$ 及相频特性 $\phi(\omega) \sim \omega$ 来描述。这两个特性不理想,将是损害信号传输特性的重要因素。在实际中,常采用"均衡"措施补偿信道的传输特性。

(2)随参信道特性及其对信号传输的影响

1)随参信道特性

随参信道包括短波电离层反射信道、超短波流星余迹散射信道、超短波及微波对流层散射信道、超短波电离层散射信道以及超短波超视距绕射信道等。

①短波电离层反射信道

短波通信是地面发射的无线电波通过电离层反射(或电离层与地面间多次反射)而到达接收点的一种远距离的通信方式。这种电波的波长为 100 ~ 10m(即工作频率范围为 3 ~ 30MHz),它既可以沿地表面传播(被称为地波传播),也可以由电离层反射传播(天波传播)。地波传播的距离一般在几十千米范围内,天波传播因借助于电离层的一次或多次反射其距离可达几千米乃至上万千米。

电离层是指距地面 60 ~ 600km 高度的大气层,由分子、原子、离子及自由电子组成。形成电离层的主要原因是太阳辐射的紫外线和 X 射线。电离层分为多个不同的层次,且随季节、昼夜以及太阳活动等因素的变化而变化,这就是电离层造成通信质量不稳定的主要原因。短波电离层反射信道中由于存在着多次反射、不同高度的反射层、不均匀的电离层的漫射现象以及地球磁场引起的波束分裂等现象,导致了这种传输媒介将产生多径效应(即信号衰落现象)。短波电离层反射信道的特点有:工作频段窄、通信容量小;但投资少、建设快、通信距离远,不易受人为的破坏,被广泛地用于军事通信和移动通信等方面。

②对流层散射信道

对流层散射信道是一种超视距的传播信道,也是较典型的多径信道。散射通信是利用地面发射的无线电波在对流层散射而返回地面的一种通信方式。这种电波的工作频率范围为 100MHz ~ 10GHz,其传播的距离一般在 150 ~ 400km,最远可达到 800 ~ 1 000km。

对流层是指距地面 10 ~ 12km 以下的大气层。研究表明,散射具有强方向性,接收到的能量大致与 $\sin^5(\theta/2)$ 成反比,这里的 θ 是入射线与散射线的夹角。这就是说主要能量是集中在夹角小的方向上(即集中于前方),这种现象又称做"前向散射"。

对流层散射信道的主要特征有:取决于气象条件的慢衰落和由多径传播引起的快衰落现象,无线电波经散射传播所导致的能量的扩散损耗和散射损耗,由多径传播引起的波形失真(或称多径时散)以及天线与媒介间的耦合损耗(又称做无线增益亏损)。与短波通信比较,散射信道的特点有:传输损耗大,信号的强度变化大,需采用分集接收来克服衰落现象,故成本高;但散射信道由于传输频带宽、通信容量大、可进行多路复用、不受核爆、磁爆等的影响;因此,在军事通信以及无法进行微波中继通信等方面仍有使用价值。

2)随参信道对信号传输的影响

研究随参信道对信号传输的影响比恒参信道要复杂、严重得多,根本原因在于随参信道包含了复杂的传输媒质。随参信道的传输媒质有这样三个特点:一是信道对信号的衰耗随时间变化;二是信号传输的时间延迟随时间不同而改变;三是由发射点发出的电磁波可能经过多条路径到达接收点而产生多径传播现象。

若某一随参信道中存在多径传播,则每条路径的信号的衰耗和时延都是随机变化的,而经过多径传播后的接收信号将是各路径的信号的合成。

设发射波为 $A\cos\omega_0 t$,接收信号用 $R(t)$ 表示,即

$$R(t) = \sum_{i=1}^{n} u_i(t)\cos\omega_0[t - \tau_i(t)] = \sum_{i=1}^{n} u_i(t)\cos[\omega_0 t + \varphi_i(t)] \qquad (2.10)$$

式中:$u_i(t)$——第 i 条路径的接收信号的振幅;

$\tau_i(t)$——第 i 条路径的传输时延,它随时间不同而变化,即

$$\varphi_i(t) = -\omega_0 \tau_i(t) \tag{2.11}$$

经过大量观察得知,第 i 条路径的接收信号的振幅 $u_i(t)$ 和第 i 条路径的传输时延随时间的变化 $\varphi_i(t)$ 都可被看成是缓慢变化的随机过程。因此,式(2.10)可变换为:

$$R(t) = X_c(t)\cos\omega_0 t - X_s(t)\sin\omega_0 t = V(t)\cos[\omega_0 t + \varphi(t)] \tag{2.12}$$

其中:

$$X_c(t) = \sum_{i=1}^{n} u_i(t)\cos\varphi_i(t)$$

$$X_s(t) = \sum_{i=1}^{n} u_i(t)\sin\varphi_i(t)$$

$$V(t) = \sqrt{X_c^2(t) + X_s^2(t)}$$

$$\varphi(t) = \arctan\frac{X_s(t)}{X_c(t)}$$

式中:$V(t)$——合成波 $R(t)$ 的包络;

$\varphi(t)$——合成波 $R(t)$ 的相位。

以上分析表明:多径传播的结果使确定的载波 $A\cos\omega_0 t$ 的波形变成了包络和相位均受到调制的窄带信号;多径传播的结果使单个频谱变成了一个窄带频谱,即引起了频率弥散。此外,多径传输还可能产生频率选择性衰落。频率选择性衰落是指信号频谱中某些分量的一种衰落现象。

频率选择性衰落是多径传输的一个重要特征,它依赖于多径传播时的多径时延差(相对时延差),采用最大多径时延差 τ_m 来表征,即

$$\Delta f = 1/\tau_m \tag{2.13}$$

式中,Δf 为相邻传输零点的频率间隔,又把它叫做多径传输媒质的相关带宽。当传输信号的频谱宽于 Δf 时,该信号将产生明显的频率选择性衰落。要克服选择性衰落,只能将传输信号的频带限制在小于 Δf 的范围内。

显然,在进行数字信号传输时都希望有较高的传输速率,而较高的传输速率又对应着较宽的信号频带。这样,数字信号在多径媒质中传播时,极易因存在选择性衰落现象而引起严重的码间干扰。减小码间干扰的一个有效的办法常常是限制数字信号的传输速率。

综上所述,随参信道的一般衰落和选择性衰落的特性是影响信号传输的重要特性。

2.2.4　信道容量及香农公式

通信容量是指一个信道能够同时传送独立信号的路数,或者定义为单位时间内信道上所能传输的最大信息量。从信息论的角度可把信道分为离散信道和连续信道。离散信道即是广义信道中的编码信道,其输入、输出信号都是取值离散的时间函数,用转移概率来描述离散信道的信道模型;而连续信道即是调制信道,其输入、输出信号都是取值连续的时间函数,用时变线性网络来描述连续信道的信道模型。下面讨论在有干扰的情况下信道容量的计算。

(1)有扰离散信道的信息容量

有扰离散信道模型如图2.4所示。图中,$P(x_i)$ 是发送端发送的符号 x_i 的概率,$P(y_j)$ 是接收端收到符号 y_j 的概率,而 $P(y_j/x_i)$ 或 $P(x_i/y_j)$ 称为转移概率。当输入一个符号 x_1 时,则输出

的符号可能是 y_1 或 y_2，或者是 y_m 等不定。显然，输入与输出之间是一种随机对应的关系，且存在一定的统计关联。这种统计特性取决于信道的条件概率或转移概率。下面讨论用信道的条件概率来描述有噪声信道的信息容量的度量。

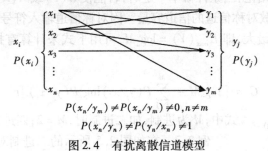

$$P(x_n/y_m) \neq P(x_n/y_m) \neq 0, n \neq m$$
$$P(x_n/y_n) \neq P(y_n/x_n) \neq 1$$

图 2.4　有扰离散信道模型

对于有噪声的信道，当发送符号为 x_i 而收到的符号为 y_j 时，所获得的信息量为：

$$[\text{发送 } x_i \text{ 收到 } y_j \text{ 时所获得的信息量}] = -\log_a p(x_i) + \log_a p(x_i/y_i) \tag{2.14}$$

式中：$p(x_i)$——未发送符号前 x_i 出现的概率；

$p(x_i/y_i)$——收到 y_j 而发送 x_i 的条件概率。

现在对所有发送为 x_i 收到为 y_j 取统计平均，得到每个符号的平均信息量为：

$$\text{平均信息量 / 符号} = -\sum_{i=1}^{n} p(x_i)\log_a p(x_i) - \Big[-\sum_{j=1}^{m} p(y_j) \sum_{i=1}^{n} p(x_i/y_j)\log_a p(x_i/y_j) \Big]$$

$$= H(x) - H(x/y) \tag{2.15}$$

式中：$H(x)$——发送的每个符号的平均信息量；

$H(x/y)$——发送的符号在有噪声的信道中传输时所平均丢失的信息量。

设信道在单位时间内所传输的平均信息量为 R（即信息传输速率），则信道传输信息的能力可用下式来计算：

$$R = H_t(x) - H_t(x/y) \tag{2.16}$$

式中：$H_t(x)$——单位时间内信息源发出的平均信息量，或称信源的信息速率；

$H_t(x/y)$——单位时间内对发送 x 而收到 y 的条件平均信息量。

设发送端每秒发出 r 个符号，则

$$H_t(x) = rH(x)$$
$$H_t(x/y) = rH(x/y)$$

于是，有扰信道的信息传输速率可表示为：

$$R = r[H(x) - H(x/y)] \tag{2.17}$$

该式表示在有噪声信道中，信息传输速率等于每秒内信息源发送的信息量与信道不确定性而引起的每秒丢失的信息量之差。

在无噪声时，信道不存在不确定性，即 $H(x/y) = 0$。这时，信道传输信息的速率等于信息源的信息率，即

$$R = rH(x)$$

如果噪声很大时，$H(x/y) \rightarrow H(x)$，则信道传输的速率为 $R \rightarrow 0$。

对于一切可能的信息源概率分布来说，信道传输信息的速率 R 的最大值称为信道容量，用符号 C 表示：

$$C = \max_{\{p(x)\}} R = \max_{\{p(x)\}} \left[H_t(x) - H_t(x/y) \right] \tag{2.18}$$

式中，max 表示对所有可能的输入概率分布的最大值。

从式(2.18)可得出结论：当条件概率一定时，若能使 $H(Y)$ 或 $H(X)$ 达到最大，此时可求得如图 2.4 所示的有扰离散对称信道的信道容量。因对称信道输入符号与输出符号都为等概率分布，此时的 $H(Y)$ 达到最大，即 $H_{\max}(Y) = \log_a M$，可用下式来计算有扰离散对称信道的信道容量，即

$$C = \left[\log_a M + \sum_{j=1}^{M} P(y_j/x_i) \log_a P(y_j/x_i) \right] r \tag{2.19}$$

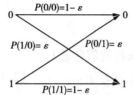

图 2.5　二进制对称信道模型

式中，M 为进制，如二进制时，$M = 2$；四进制时，$M = 4$，以此类推。

例 2.7　在如图 2.5 所示的二进制对称信道中，若信源每秒发送 1 000 个符号，信道的错误率 $P(0/1) = P(1/0) = \varepsilon = 0.01$，求该项信道的信道容量。

解　在二进制对称信道中，发送符号集和接收符号集只有"0"、"1"两个元素，由图 2.5 知，$p(0) = 1/2$，$p(1/0) = p(0/1) = \varepsilon$，$p(0/0) = p(1/1) = 1 - \varepsilon$，$M = 2$，代入式(2.19)得信道的信道容量为：

$$\begin{aligned}
C &= \left[\log_2 2 + \sum_{j=1}^{2} \left(\varepsilon \log_a \varepsilon + (1-\varepsilon) \log_a (1-\varepsilon) \right) \right] r \\
&= \left[\log_2 2 + \sum_{j=1}^{2} \left(0.01 \log_2 0.01 + (1-0.01) \log_2 (1-0.01) \right) \right] \times 1\,000 \\
&= \left[1 + (-0.081) \right] \times 1\,000 = 919 \ (\text{bit/s})
\end{aligned}$$

(2)有扰连续信道的信息容量

设一连续信道的带宽为 W，信道的干扰为与信号独立的加性高斯白噪声，噪声功率为 N；输入信号是频率带宽限于 W 的连续信号，信号的功率为 S，该连续信号可采用抽样定理变换为离散信号。理想状态下，最低抽样频率为 $2W$，根据式(2.18)可推出有扰连续信道的信道容量，即

$$C = \max_{\{p(x)\}} R = \max_{\{p(x)\}} \left[H(X) - H(X/Y) \right] \times 2W = \max_{\{p(x)\}} \left[H(Y) - H(Y/X) \right] \times 2W \tag{2.20}$$

式中：

$$H(X) = \log_a \sqrt{2\pi e S}$$

$$H(Y) = \log_a \sqrt{2\pi e (S+N)}$$

$$H(X/Y) = H(N) = \log_a \sqrt{2\pi e N}$$

从上面的各式可得到计算有扰连续信道的信息容量公式(2.21)，即著名的香农(Shannon)信道容量公式，简称香农公式。该公式指出，当信号与作用在信道上的起伏噪声的平均功率给定时，在带宽为 W 的信道上，理论上单位时间内可能传输信息量的极限值为：

$$C = W \log_a \left(1 + \frac{S}{N} \right) \quad (\text{bit/s}) \tag{2.21}$$

由于噪声功率 N 与信道带宽 W 有关，设噪声的单边功率谱密度为 n_0，即 $N = n_0 W$，可得到香农公式的另一形式为：

$$C = W\log_a\left(1 + \frac{S}{n_0 W}\right) \quad (\text{bit/s}) \tag{2.22}$$

由式(2.21)和式(2.22)可见,一个连续信道的信道容量受"三要素"——W、n_0及S的限制。只要这三要素确定,信道容量也就随之确定。进一步分析式(2.21)和式(2.22),可得出如下结论:

①提高信号与噪声功率的比值可增加信道容量;

②当噪声功率$N \to 0$,信道容量$C \to \infty$,可证明无干扰信道的容量为无穷大;

③增加信道带宽W并不能无限制地增大信道容量;

④对容量一定的信道,带宽W与信噪比S/N之间可互换。

2.3　信源编码与信道编码

2.3.1　信源编码与信道编码的定义

(1)信源编码

在数字通信中,为提高数字信号传输的有效性而采取的编码措施称为信源编码或有效编码。

(2)信道编码

在数字通信中,为提高数字信号传输的可靠性而采取的编码措施称为信道编码或可靠编码或抗干扰编码。

2.3.2　差错控制编码

信道编码的作用是使不带规律性的或规律性不强的原始数字信号变换为有规律性的数字信号。通常,将信道编码分为纠错编码和正交编码两大类。纠错编码的规律性体现在各码组的码元间,而正交编码的规律性体现在各码组间的正交性。这两种码是有联系的,有些正交码就是纠错编码,本章主要讨论纠错编码。

在实际信道上传输数字信号时,由于信道传输特性不理想及加性噪声的影响,接收端所收到的数字信号不可避免地会发生错误。为了在已知信噪比情况下达到一定的误比特率指标,首先应该合理设计基带信号,选择调制解调方式,采用时域、频域均衡,使误比特率尽可能地降低。但若误比特率仍不能满足要求,则必须采用信道编码(即差错控制编码),将误比特率进一步降低,以满足系统指标要求。

差错控制编码的基本思路是:在发送端将被传输的信息附上一些监督码元,这些多余的码元与信息码元之间以某种确定的规则相互关联(约束)。接收端按照既定的规则校验信息码元与监督码元之间的关系,一旦传输发生差错,则信息码元与监督码元的关系就受到破坏,从而接收端可以发现错误乃至纠正错误。

2.3.3　差错控制方法

常用的差错控制方法有以下几种:

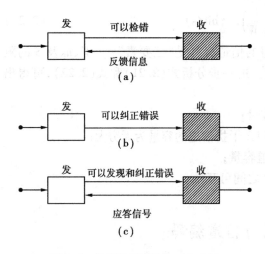

图 2.6　差错控制的基本工作方法
(a)检错重发;(b)前向纠错;(c)混合纠错

(1)检错重发(简称 ARQ)

检错重发是指发送端经编码后发出能够发现错误的码元序列,在接收端若检测到有错码,但不一定知道错码的准确位置,通过发送重发指令通知发送端重发,直到接收端收到正确的信号为止。ARQ 系统需要反馈信道,效率较低,但能达到很好的性能。采用这种差错控制方法需要具备双向信道,如图 2.6(a)所示。

(2)前向纠错(简称 FEC)

前向纠错是指发送端经编码后发出能够纠正错码的码元序列,接收端经过译码能自动检测并纠正传输中的错误。这种差错控制方法只需要单向信道,由于能自动纠错,不要求重发,所以实时性好。前向纠错不需要反馈信道,实时性好,但随着纠错能力的提高,编译码设备变得复杂,如图 2.6(b)所示。

(3)混合纠错(简称 HEC)

混合纠错检错是前向纠错法和检错重发两种方法的折中。这种方法的发送端不仅有纠错能力,而且对超出纠错能力的错误具有检测的能力,解决的办法是要求发送端重发,直到接收到正确的信号为止,如图 2.6(c)所示。

2.3.4　信道发生差错的几种模式

信道发生差错的模式主要有以下三种:

(1)随机差错

差错的出现是随机的,一般而言差错出现的位置是随机分布的。这种情况一般是由信道的加性随机噪声引起的,一般将这种信道称为随机信道。

(2)突发差错

差错的出现是一连串出现的。这种情况如移动通信中信号在某一段时间内发生衰落,造成一串差错;如光盘上的一条划痕等。这样的信道称为突发信道。

(3)混合差错

既有突发错误又有随机差错的情况,这种信道称为混合信道。

2.3.5　差错编码的分类

(1)检错码、纠错码或纠删码

这是从差错控制编码不同功能的角度来进行分类。检错码只能发现误码,纠错码仅可纠正误码,而纠删码兼有纠错和检错的能力,对不可纠正的错误可发出提示或简单删除错码。

(2)线性码和非线性码

这是根据信息码元和附加的监督码元之间的检验关系来分类的。若信息码元和附加的监督码元间的函数关系满足线性关系,称为线性码;反之,为非线性码。

（3）分组码和卷积码

这是按信息码元和附加的监督码元之间的约束方式进行分类的。分组码是将编码后的码元序列按 n 位分成一组，其中有 k 位是信息码元，r 位是附加的监督码元，则满足表达式：$r = n - k$。这里附加的监督码元仅与本码组的信息码元有关，而与其他码组的信息码元无关。卷积码也是将编码后的码元序列分组，与分组码不同的是监督码元不仅与本码组的信息码元有关，而且与前面码组的信息码元也有约束的关系。

（4）系统码和非系统码

这是根据信息码元在编码后是否隐蔽来进行分类的。如果信息码元能够从编码后的纠错码组中分离出来（如上所述，有 k 位是与原始数字信号一致的信息码元，且位于码组的前 k 位；而有 r 位是附加的监督码元），称这种编码为系统码；而非系统码中的信息位已"面目全非"，给译码带来麻烦，因此很少采用。

（5）纠正随机码和纠正突发码

这是按照纠（检）码的类型来区分。纠正随机错误码用于发生零星独立错误的信道，而纠正突发错误码用于以突发错误为主的信道。

（6）代数码、几何码和算术码

这是按照差错控制编码的数学方法来区分的。代数码是目前发展最为完善的一种编码，线性码是代数码的一个最重要的分支。

（7）二进制码和多进制码

这是按照每个码元的取值的不同而划分的。本章仅讨论二进制纠错码。

2.3.6　检错和纠错的基本原理及方法

在讨论检错和纠错编码的方法之前，熟悉有关概念和基本原理是很有必要的。

（1）基本概念

- 码长：把码组中所包含的码元的数目称为码组的长度，简称码长，记为 n。
- 码重：把码组中所包含的非零位的数目称为码组的重量，简称码重，用 w 表示。
- 码距：统计两个等长的码组间对应位不同的数目，该统计数被称为汉明（Hamming）距离，简称码距，用 d 表示。

二进制码的码重 w 等于码组中"1"的个数。比如有码组 11011，该码组的码长 $n = 5$，码重 $w = 4$。对于两个码组 11000 和 10011，它们间的码距 $d = 3$。

码距的几何意义可用如图 2.7 来解释。当两个二进制码组的码长 $n = 3$ 时，可以用三维空间来描述码距的几何意义。显然，3 位二进制数共有 8 种不同的码组，每一码组的 3 个码元值分别为如图 2.7 所示的单位立方体各顶点的坐标值。要理解的码距的概念就是对应于各顶点之间沿立方体各边行走的几何距离。例如，码组 $(0,0,0)$、$(0,1,1)$、$(1,0,1)$、$(1,1,0)$ 这 4 个码组之间的码距可从图中直接得到，即均等于 2。

- 最小码距：它是码组的一种属性，把 (n,k) 码中任何两个码组之间码距的最小值称为最小码距，用 d_{min} 表示。
- 许用码组、禁用码组和分组码：通常，分组码对数字序列是按分段进行处理的。设每段由 k 个码组组成，并以一定的规则在长度为 k 的信息组中添加 r 个监督码元，以监督这 k 个信息码元。这样，原来 k 位的信息组的长度就变成了 $n = k + r$ 的码组，可组成 2^k 个码长为 n 的不

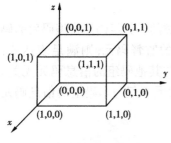

图2.7　码距的几何解释

同的信息组,称为许用码组。而码长为 n 的数字序列共有 2^n 种可能的码组,其中有 $(2^n - 2^k)$ 个码长为 n 的码组未被选用,这些没被选用的码组称为禁用码组,而 2^k 个码长为 n 的不同的信息组的集合称为分组码。

（2）纠错和检错的基本原理

如上所述,分组码将 k 个比特编成 n 个比特一组的码字（码组）（Code Words）,经常将分组码记为 (n,k) 码。由于输入有 2^k 种组合,因此,(n,k) 码应该有 2^k 个码组。由于在分组码中附加了一些监督码元,从而在信息码元和监督码元之间建立起某种校验关系。如果这种校验关系在传送过程中被破坏,就可以被发现并予以纠正。系统拥有的这种纠错和检错能力是用信息量的冗余度为代价的。

例2.8　下面用一个具体的例子来说明纠错和检错的基本原理。若用 3 位二进制数字的 8 种组合来表示 8 种不同的天气,设:000（晴）,001（云）,010（阴）,011（雨）,100（雪）,101（霜）,110（雾）,111（雹）。若只允许使用其中的 4 种码组来传送天气信息,例如:

$$
\left.
\begin{array}{l}
000:表示晴 \\
011:表示云 \\
101:表示阴 \\
110:表示雨
\end{array}
\right\} 许用码组
$$

有了许用码组的概念,很容易理解这样的事实:在发送 000（晴）过程中若出现一位错码,则将接收到三种可能的码组,即 100 或 010 或 001;当发生三个错码时,则变成 111,而这些码组均为禁用码。所以,如果接收端收到的是禁用码组,就认为发送了错码。这种编码能检测到一个错码和三个错码,但不能发现两个错码。因发生两个错码后产生的码组是许用码组,并且这种编码方式只能检错而不能纠错。

掌握了分组码的概念,也很容易理解这种编码的检错纠错编码原理。其实,传送 4 种不同的天气状态,可以采用两位编码来实现,如 00（晴）,01（云）,10（阴）,11（雨）,代表信息位;而在每一组信息位后面各添加一位,称为监督位。信息位和监督位构成了 3 位码组的许用码:"000"、"011"、"101"、"110",这就是前面所涉及的分组码。分组码的结构如图 2.8 所示,这时的分组码中的监督码元具有监督本码组中信息码元的能力。

图2.8　分组码的组成

2.3.7　编码的最小码距与纠错、检错能力之间的关系

一种编码的最小码距决定了这种码的纠错、检错的性能,因此,最小码距是信道编码的一个重要参数。通常编码的最小码距与纠错和检错的能力的关系有如下结论:

①为了检测 e 个错误,要求最小码距 $d_{\min} \geqslant e + 1$;

②为了纠正 t 个错误,要求最小码距 $d_{\min} \geqslant 2t + 1$;

③为了纠正 t 个错误,同时检测 e 个错误,要求最小码距 $d_{\min} \geqslant t + e + 1 \quad (e > t)$。

2.3.8 几种常用的检错编码方法

下面介绍的几种简单且常用的信道编码均属于易于实现、检错能力较强、在实际中使用得较多的检错码。

(1)奇偶监督码(又称奇偶校验码)

奇偶监督码是一种很基本的纠错码,被广泛地应用于计算机数据传送中。它分为奇数监督码和偶数监督码,这两种编码的原理相同,故放在一起讨论。奇偶监督码的编码规则为:把要传送的信息分成组,再将各位二元信息码及附加的监督位按模 2 和相加。编码时选择正确的监督位,确保偶校验模 2 和的结果为"0",而奇校验模 2 和的结果为"1"。设编码后的码组的长度为 n,码组为 $(a_{n-1} a_{n-2} a_{n-3} \cdots a_0)$,其中前 $(n-1)$ 位为信息位,第 n 位为校验位。这种监督关系可表示为:

当进行偶校验时,有:

$$a_0 \oplus a_1 \oplus \cdots \oplus a_{n-1} = 0 \qquad (2.23)$$

由式(2.23)可求出监督码元 a_0 为:

$$a_0 = a_1 \oplus a_2 \oplus \cdots \oplus a_{n-1}$$

当进行奇校验时,有:

$$a_0 \oplus a_1 \oplus \cdots \oplus a_{n-1} = 1 \qquad (2.24)$$

同理,也可求出奇校验时监督码元 a_0 为:

$$a_0 = a_1 \oplus a_2 \oplus \cdots \oplus a_{n-1} \oplus 1$$

显然,从式(2.23)和式(2.24)可以看出,这种码组中如果发生单个(或奇数个)错码,就会破坏这个编码规则。

以码长 $n = 5$ 列出全部的偶监督码组,如表 2.2 所示:

表 2.2 $n = 5$ 的偶监督码

序号	码 组 信息码元				监督码元	序 号	码 组 信息码元				监督码元
	a_4	a_3	a_2	a_1	a_0		a_4	a_3	a_2	a_1	a_0
0	0	0	0	0	0	8	1	0	0	0	1
1	0	0	0	1	1	9	1	0	0	1	0
2	0	0	1	0	1	10	1	0	1	0	0
3	0	0	1	1	0	11	1	0	1	1	1
4	0	1	0	0	1	12	1	1	0	0	0
5	0	1	0	1	0	13	1	1	0	1	1
6	0	1	1	0	0	14	1	1	1	0	1
7	0	1	1	1	1	15	1	1	1	1	0

从表 2.1 中也不难看出,该码的最小码距为 2,所以,这种奇偶监督码只能发现单个或奇数个错误。故奇偶校验码虽然编码简单,但检错能力不强。

(2)行列监督码(或称水平垂直一致监督码)

这种信道编码不仅对水平(行)方向的码元实行错码监督,而且对垂直(列)方向也同时具有纠错能力。行列监督码的编码规则是：对 $L \times m$ 个信息码元，附加 $(L \times m + 1)$ 个监督码元，这样就组成了 $(L+1)$ 行和 $(m+1)$ 列的一个矩阵。表2.3所表示的是 $L=7, m=10$ 行列监督码组，它的各行和各列对"1"的数目均实施偶数监督。传输方式可以是逐行也可以是逐列传送，译码时分别检查各行各列的监督关系是否符合编码规则，从而找出错码。

行列监督码对随机错码的检错能力很强，能发现某一行或某一列上的所有奇数个错误及长度不大于行数（或列数）的突发错误。此外，除分布在矩阵四个顶点这类的偶数个错误外，还能发现大部分偶数个错误。

表2.3　7×10个信息码元的行列监督码

	信息码元	监督码元
	0101101100	1
	0101010010	0
	0011000011	0
	1100011100	1
	0011111111	0
	0001001111	1
	1110110000	1
监督码元	0011100001	0

（3）群计数码

这种纠错码的编码规则是：首先把要传送的信息码元分组，同时统计该分组码中二进制码元"1"的个数，计为 r；然后，在该信息码组之后附加 r 个监督码元（用二进制表示）再传送。比如，有一组要传送的信息码元为：11100101，统计 $r=5$，用二进制表示为"101"，将"101"作为监督码附加在信息码元后面，组成传输码组为：11100101101。

群计数码的检错能力很强，除了"0"变"1"和"1"变"0"这种错误外，它能检测出所有形式的错误。

表2.4　3：2数字保护码

数字	码组
0	01101
1	01011
2	11001
3	10110
4	11010
5	00111
6	10101
7	11100
8	01110
9	10011

（4）恒比码（又称等重码或定一码）

这种纠错码的编码规则是：让码组中的"1"和"0"的位数保持恒定的比例，从中挑选那些"1"和"0"的比例为恒定值的码组作为许用码组。显然，每个码组的码长相同，若"1"，"0"恒比，则码重也相等。设一恒比码的码长为 n，码重为 w，则此码组共有许用码组 $\binom{n}{w}$ 个，禁用码组为 $2^n - \binom{n}{w}$ 个。用恒比码规则编写的纠错码的检错能力也很强，它被广泛地应用于电传通信系统中。如我国电传通信中广泛地使用的恒比码3：2码（又称5中取3保护码），该码共有 $\binom{5}{3}=10$ 个许用码组，用来传送10个阿拉伯数字，如表2.4所示。

习　题

2.1　一个离散信号源每毫秒发出 4 种符号中的一个,各相互独立符号出现的概率分别为 0.4,0.3,0.2,0.1,求该信号源的平均信息量与信息速率。

2.2　用二进制"0"、"1"对字母 A、B、C、D 进行编码,用"00"代表 A,用"01"代表 B,用"10"代表 C,用"11"代表 D。设二进制符号"0"和"1"的宽度各为 10ms。试求:

①若各字母等概出现时的平均信息速率;

②当各字母的概率分别为 $P(A) = 1/5, P(B) = 1/4, P(C) = 1/4, P(D) = 3/10$ 时,计算其平均信息速率。

2.3　如果用四进制脉冲"0"、"1"、"2"、"3"对字母进行编码,用"0"代表 A,用"1"代表 B,用"2"代表 C,用"3"代表 D,其波形如题图 2.1 所示,且各字母等概出现,试求:

①脉冲宽度为 10ms 时的平均信息速率;

②脉冲宽度为 10ms 时的平均信息速率;

③你能从计算的结果中得出什么结论?

2.4　某高斯信道的带宽为 4kHz,双边噪声功率谱密度为 $n_0/2 = 10^{-14}$ W/Hz,接收端信号功率不大于 0.1MW。试求:此信道的容量。

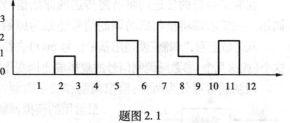

题图 2.1

2.5　电视图像大约由 300 000 个小像元组成,每一像元大约取 10 个可辨别的亮度电平(对应于黑色、深灰色、浅灰色、白色等)。假设对于任何像元 10 个亮度电平是等概出现的,每秒发送 30 帧这样的图像,要求信噪比 S/N 为 1 000(即 30dB),求传输该信号所需信道的带宽。

2.6　简述调制信道与编码信道的区别与联系,信号在恒参信道中传输时将产生哪些失真,连续信道容量和离散信道容量的定义有何区别。

2.7　信道编码与信源编码有什么不同?纠错码检错或纠错的基本原理是什么?差错控制的方式有哪几种?各有什么特点?

2.8　已知 8 个码组为(000000)、(001110)、(010101)、(011011)、(10011)、(101101)、(110110)、(111000),求该码组的最小码距。该码组能检出几位错码?能纠正几位错码?若同时用于检错与纠错,问检错、纠错的性能如何?

第3章
模拟调制系统

在通信系统中,由信源输出的原始信号(如电话、电视等信号),具有从零频开始的低频频谱,通常称为基带信号。基带信号一般不适于在信道内直接传输。为了使传输信号与信道相"匹配",需在通信系统的发送端先将所需传输的原始信号变换成适宜在信道上传输的信号后,再送入信道。

在通信系统的发送端将所需传送的原始信号变换成适宜在信道上传输的信号过程,称为调制。在接收端将接收到的调制信号还原为原始信号的过程称为解调。

从时域上看,"调制"就是用基带信号 $m(t)$ 去控制载波信号 $c(t)$ 的某一个(或某几个)参数,使这个(或这几个)参数随调制信号的规律成比例变化的过程。调制器的一般框图如图3.1所示。

调制通常可分为两种:模拟调制和数字调制。

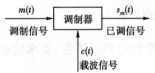

图 3.1　调制器的一般框图

最常用的模拟调制方式有幅度调制和角调制。角调制又可分为频率调制(FM)和相位调制(PM)。常用的幅度调制方式有常规双边带调幅(AM)、抑制载波双边带调幅(DSB—SC)、单边带调制(SSB)和残留边带调制(VSB)。幅度调制属于线性调制,而角调制属于非线性调制。本章主要介绍模拟调制中的幅度调制和频率调制。

3.1　幅度调制(线性调制)

幅度调制是高频正弦载波的幅度随调制信号做线性变化的过程。常用的幅度调制方式有常规双边带调幅(AM)、抑制载波双边带调幅(DSB—SC)、单边带调制(SSB)和残留边带调制(VSB),它们都属于线性调制。

3.1.1　常规双边带调幅

(1)AM信号的定义和波形

所谓常规双边带幅度调制(AM),就是使高频正弦载波的幅度随调制信号(基带信号)做线性变化的过程。

设输入调制信号为:

$$m(t) = A_0 + f(t) \tag{3.1}$$

式中:A_0——输入调制信号中的直流分量(外加在需传送的信号上的直流分量);

$f(t)$——输入调制信号中的交流分量(需传送的原始信号)。

设正弦载波信号为:

$$c(t) = \cos(\omega_c t + \phi_c) \tag{3.2}$$

式中:ω_c——载波信号的角频率;

ϕ_c——载波信号的初相位。

将调制信号与载波信号相乘,即可实现幅度调制,所以,已调幅信号可表示为:

$$s_{AM}(t) = m(t) \cdot c(t) = [A_0 + f(t)]\cos(\omega_c t + \phi_c) \tag{3.3}$$

设 $\phi_c = 0$,则典型的 AM 波形如图 3.2 所示。由图可见,已调幅信号 $s_{AM}(t)$ 的包络与 $f(t)$ 呈线性关系,很容易用包络检波的方法恢复原始调制信号 $f(t)$。但为了保证在包络检波时不发生失真,要求满足:

$$A_0 + f(t) \geq 0 \tag{3.4}$$

否则,将产生所谓过调幅现象而导致失真。

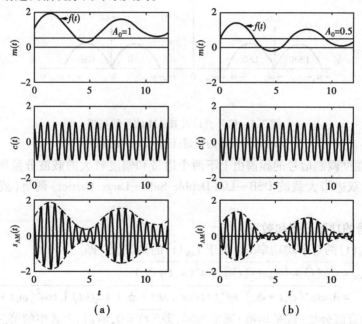

图 3.2 AM 波形

(a)$A_0 + f(t) \geq 0$;(b)$A_0 + f(t) < 0$

(2)AM 信号的频谱

设原始信号 $f(t)$ 的频谱为 $F(\omega)$,根据傅立叶变换的性质可得:

$$A_0 \cos\omega_c t \Leftrightarrow \pi A_0 [\delta(\omega - \omega_c) + \delta(\omega + \omega_c)]$$

$$f(t)\cos\omega_c t \Leftrightarrow \frac{1}{2}[F(\omega - \omega_c) + F(\omega + \omega_c)]$$

则由上两式及式(3.3)可求得已调幅信号 $s_{AM}(t)$ 的频谱为:

$$s_{AM}(\omega) = \pi A_0[\delta(\omega - \omega_c) + \delta(\omega + \omega_c)] + \frac{1}{2}[F(\omega - \omega_c) + F(\omega + \omega_c)] \tag{3.5}$$

设 $F(\omega)$ 的最高频率为 ω_m, 则原始信号调制前后的频谱如图 3.3 所示。由式 (3.5) 和图 3.3 可见, 幅度调制信号的频谱 $s_{AM}(\omega)$ 由以下三部分组成:

①由位于 $-\omega_c$ 和 $+\omega_c$ 处的两个载频分量合成的频谱;

②由位于 $-\omega_c$ 和 $+\omega_c$ 处的两个下边带 LSB(Lower Side Band) 分量合成的下边带频谱;

③由位于 $-\omega_c$ 和 $+\omega_c$ 处的两个上边带 USB(Upper Side Band) 分量合成的上边带频谱。

由图 3.3 还可知, 幅度调制信号的频谱 $s_{AM}(\omega)$ 与原始信号 $f(t)$ 的频谱 $F(\omega)$ 之间存在线性平移关系。$s_{AM}(\omega)$ 的频谱宽度 ω_{AM} 为 $F(\omega)$ 的频谱宽度 ω_m 的 2 倍, 即

$$\omega_{AM} = 2\omega_m \tag{3.6}$$

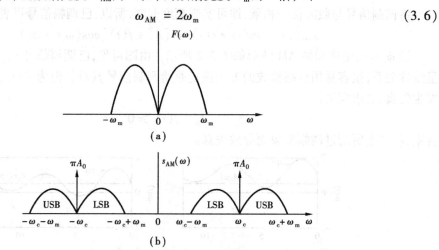

图 3.3 信号 $f(t)$ 及其 AM 信号的频谱
(a) 信号 $f(t)$ 的频谱;(b) $s_{AM}(\omega)$ 的频谱

由上可见, 幅度调制信号的频谱由上下两个边带和幅度较大的载波分量所组成, 所以, 这种调制也被称为双边带大载波 DSB—LC(Double Side—Large Carrier) 调幅(或常规双边带调幅)。

(3) AM 信号的功率分配和效率

AM 信号 $s_{AM}(t)$ 的总平均功率 P_{AM} 等于 $s_{AM}(t)$ 的均方值, 即

$$P_{AM} = \overline{s_{AM}^2(t)} = \overline{[A_0 + f(t)]^2 \cos^2(\omega_c t + \phi_c)}$$
$$= \overline{A_0^2 \cos^2(\omega_c t + \phi_c)} + \overline{f^2(t)\cos^2(\omega_c t + \phi_c)} + \overline{2f(t)A_0\cos^2(\omega_c t + \phi_c)} \tag{3.7}$$

因为 $f(t)$ 的直流分量(或平均值)通常为零, 即 $\overline{f(t)} = 0$, 所以, 上式中的第三项为零。

$$\cos^2(\omega_c t + \phi_c) = \frac{1}{2}[1 + \cos 2(\omega_c t + \phi_c)]$$

又由于

$$\overline{\cos 2(\omega_c t + \phi_c)} = 0$$

所以式 (3.7) 可以改写为:

$$P_{AM} = \frac{A_0^2}{2} + \frac{\overline{f^2(t)}}{2} = P_0 + P_f \tag{3.8}$$

式中:

$$P_0 = \frac{A_0^2}{2} \qquad (载波功率) \tag{3.9}$$

$$P_{\mathrm{f}} = \overline{\frac{f^2(t)}{2}} \quad \text{（边带功率）} \tag{3.10}$$

已调波的效率 η_{AM} 可定义为边带功率与总平均功率之比，即

$$\eta_{\mathrm{AM}} = \frac{P_{\mathrm{f}}}{P_0 + P_{\mathrm{f}}} = \frac{\overline{f^2(t)}}{A_0^2 + \overline{f^2(t)}} \tag{3.11}$$

为了避免发生过调幅现象，A_0 和 $\overline{f^2(t)}$ 必须满足式（3.4）。由式（3.4）和式（3.11）可知，当 $P_0 = P_{\mathrm{f}}$ 时，调制效率达到最大值，$\eta_{\mathrm{AM}} = 0.5$。

这种调制方式的主要缺点是调制效率不高，其原因是不携带任何有用信息的载波分量占据了大部分功率。但由于其包络与信号成正比关系，可以在接收端采用简单的包络检波器不失真地恢复原始信号，因而适用于一部发射机对千万部接收机的无线电广播系统。

（4）AM 信号的产生

由式（3.3）可知，常规双边带调幅可利用加法和乘法运算实现，其数学模型如图 3.4 所示。在实际组成调幅器时，加法可在乘法器件上加上一定的直流偏置即可实现，而非线性器件（如二极管子、晶体管子等）都可以起乘法器的作用。因此，常规双边带调幅实现很容易。

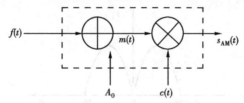

图 3.4 产生 AM 信号的数学模型

3.1.2 抑制载波双边带调幅

由上节的讨论可知，在 DSB—LC 调幅方式中，载波不携带任何信息，信息是完全由边带传送的，因而载波功率是无用的。如果能将载波抑制，就可提高调制效率。这种将载波抑制的双边带调幅方式称为抑制载波双边带调幅 DSB—SC(Double Side Band—Suppressed Carrier)。

（1）DSB—SC 的波形和频谱

在式（3.3）中，令 $A_0 = 0$，，可得到 DSB—SC 的波形表达式（为简单起见，可令 $\phi_c = 0$，并不影响分析的结果），即

$$S_{\mathrm{DSB}}(t) = f(t)\cos(\omega_c t) \tag{3.12}$$

$S_{\mathrm{DSB}}(t)$ 的波形如图 3.5 所示。

由图 3.5 可见，$s_{\mathrm{DSB}}(t)$ 波形的包络并不与调制信号 $f(t)$ 成线性关系，而是随 $|f(t)|$ 变化。在对应于 $f(t)$ 的过零点处，$s_{\mathrm{DSB}}(t)$ 的相位跃变 180°，该点称为载波反相点。在载波反相点处，波形是不连续的。由于 DSB—SC 信号的包络只是 $f(t)$ 的绝对值，所以，不能用包络检测的方法进行解调，而必须用相干解调或重新插入载波法解调。

由式（3.12）可求得 DSB—SC 信号的频谱为：

$$S_{\mathrm{DSB}}(\omega) = \frac{1}{2}[F(\omega - \omega_c) + F(\omega + \omega_c)] \tag{3.13}$$

$S_{\mathrm{DSB}}(\omega)$ 的波形如图 3.6 所示。

由图 3.6 可以看出，DSB—SC 信号的频谱宽度 ω_{AM} 仍为 $F(\omega)$ 的频谱宽度 ω_{m} 的 2 倍，即

$$\omega_{DSB} = 2\omega_m \tag{3.14}$$

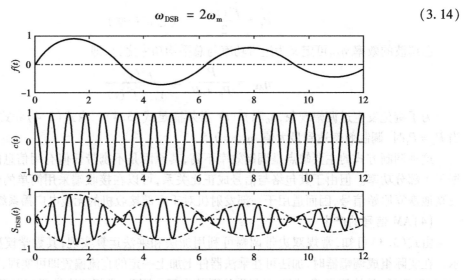

图 3.5　$S_{DSB}(t)$ 的波形

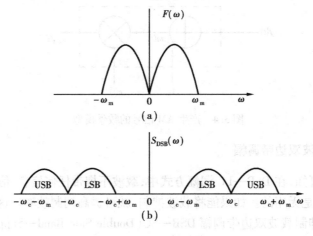

图 3.6　$S_{DSB}(\omega)$ 的波形

(2) DSB—SC 的功率分配和效率

在式(3.8)中,令 $P_0 = 0$,可求得 DSB—SC 信号的平均功率 P_{DSB} 为:

$$P_{DSB} = P_f \tag{3.15}$$

进一步可求得调制效率 η_{DSB} 为:

$$\eta_{DSB} = \frac{P_f}{P_{DSB}} = 1 = 100\% \tag{3.16}$$

由此可见,DSB—SC 的调制效率很高。

(3) DSB—SC 信号的产生

由式(3.12)可见,DSB—SC 可由乘法运算实现。它的数学模型如图 3.7 所示。通常采用平衡调制器来实现抑制载波双边带调幅。

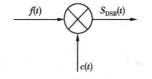

图 3.7　产生 DSB—SC 信号的数学模型

3.1.3 单边带调制(SSB)

抑制载波双边带调幅(DSB—SC)的最高调制效率是常规双边带调幅(AM)的最高调制效率的两倍,但已调信号的频率带宽与常规双边带调幅(AM)的相同,仍为调制信号的两倍。

从图3.6可看出,DSB—SC调制的结果是将原始频谱$F(\omega)$搬移了$\pm\omega_c$,在$\pm\omega_c$处出现了两个与$F(\omega)$形状完全相同的频谱。因此,发送整个频谱时发送了多余信息。然而,传输在$\pm\omega_c$处的其中一个频谱(即分布在通过原点的垂直轴的两边的频谱中的一个)是不可能的。因为对于任何物理可实现信号,其频谱都是频率ω的偶函数。而相对于通过原点的垂直轴不对称的频谱不表示实际信号,因此不能被传送。但是,将以$\pm\omega_c$为中心的频谱分成USB和LSB两部分后,两个USB和LSB都分别包含了$F(\omega)$的全部信息(如图3.6所示)。因此,只传输两个USB(上边带)或两个LSB(下边带)就可以了。因为两个USB(上边带)或两个LSB(下边带)都是频率ω的偶函数,都分别表示一个实际信号。这种调制方式称为单边带调制(SSB)。SSB信号的频率带宽比DSB—SC信号的减少了一倍,因而提高了信道利用率。同时,由于SSB仅发送一个边带,所以,比DSB—SC更节省发送功率。因此,在通信中获得了广泛的应用,尤其在短波通信和载波电话中占有重要地位。

以下将介绍产生SSB信号的两种主要方法:滤波法和相移法。

(1)产生SSC信号的滤波法

在抑制载波双边带调制器后接一个边带滤波器,滤除双边带信号中的一个边带,而让另一个边带通过,这就是产生SSB信号的滤波法。边带滤波器可采用合适的带通滤波器(产生USB或LSB),也可采用高通滤波器(产生USB)或低通滤波器(产生LSB)。滤波法产生SSB信号的数学模型如图3.8所示。

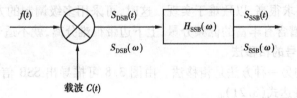

图3.8 SSB滤波法的数学模型

在图3.8中,$H_{SSB}(t)$为单边带滤波器的传输函数。对于保留上边带(USB)的单边带调制,可采用如下高通滤波器,即

$$H_{SSB}(\omega) = H_{USB}(\omega) = \begin{cases} 1, & |\omega| > \omega_c \\ 0, & |\omega| \leq \omega_c \end{cases} \tag{3.17}$$

对于保留下边带(LSB)的单边带调制,可采用如下低通滤波器,即

$$H_{SSB}(\omega) = H_{LSB}(\omega) = \begin{cases} 1, & |\omega| < \omega_c \\ 0, & |\omega| \geq \omega_c \end{cases} \tag{3.18}$$

单边带信号的频谱为:

$$S_{SSB}(\omega) = S_{DSB}(\omega) \cdot H_{SSB}(\omega) \tag{3.19}$$

滤波器法的频谱变换关系如图3.9所示。图中$H_{USB}(\omega)$为理想高通滤波器,$H_{LSB}(\omega)$为理想低通滤波器。理想滤波器是不可能做到的,实际滤波器从通带到阻带总有一个过渡带。产生SSB信号的滤波法要求边带滤波器在ω_c具有陡峭的滤波特性,以抑制不需要的边带的所有

频率分量。

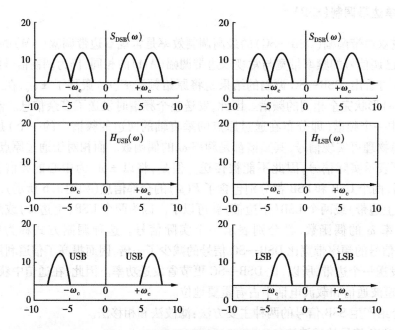

图 3.9　SSB 滤波器法的频谱变换关系

如果调制信号不包含显著的低频分量,则在上下边带之间的过渡区内频率分量可以忽略,对单边带滤波器特性的要求不高,易于实现。例如,语音信号的低频分量功率较小,采用滤波法产生 SSB 信号是比较容易的。

当调制信号的下限很低接近于零频时,经过双边带调制后,上下两边带靠得很近,对边带滤波器的过渡特性要求很高,以致难于实现。这时,可采用多级调制的方法或其他调制方法。例如,电视信号的频谱含有丰富的低频分量,上下边带很难分离,就不适于采用该调制方法。

（2）产生 SSC 信号的相移法

产生 SSC 信号的另一种方法是相移法。由图 3.8 可推导出 SSB 信号的上边带时域表达式(3.20)和下边带表达式(3.21)。

$$S_{\text{USB}}(t) = \frac{1}{2}f(t)\cos\omega_c t - \frac{1}{2}\hat{f}(t)\sin\omega_c t \qquad (3.20)$$

$$S_{\text{LSB}}(t) = \frac{1}{2}f(t)\cos\omega_c t + \frac{1}{2}\hat{f}(t)\sin\omega_c t \qquad (3.21)$$

式中,$\hat{f}(t)$ 为希尔伯特变换。

$$\hat{f}(t) = H[f(t)] = \frac{1}{\pi}\int_{-\infty}^{\infty}\frac{f(\tau)}{t-\tau}\mathrm{d}\tau \qquad (3.22)$$

进一步可将式(3.20)和式(3.21)合并为:

$$S_{\text{SSB}}(t) = \frac{1}{2}f(t)\cos\omega_c t \pm \frac{1}{2}\hat{f}(t)\sin\omega_c t$$

由于不同系统具有不同增益(或衰减),上式中的系统随边带滤波器的增益而变化。由于边带滤波器的增益设为"1",故系数为"1/2",若边带滤波器的增益设为"2",则上式的系数就变为"1"。因而,可把上式的系统看做"1",将此式变为式(3.23),这并不影响分析的结果。

$$S_{\text{SSB}}(t) = f(t)\cos\omega_c t \pm \hat{f}(t)\sin\omega_c t \qquad (3.23)$$

式中,"＋"号对应于 SSB 的下边带信号,"－"号对应于上边带 SSB 的上边带信号。

由式(3.23)可看出,调制信号 $\frac{1}{2}f(t)$ 与同相载波 $\cos\omega_c t$ 相乘得 SSB 信号的同相分量 $f(t)\cos\omega_c t$。调制信号的正交信号 $\frac{1}{2}\hat{f}(t)$ 与正交载波 $\sin\omega_c t$ 相乘得 SSB 信号的正交分量 $\frac{1}{2}\hat{f}(t)\sin\omega_c t$。

由式(3.23)可得单边带调制的数学模型,如图 3.10 所示。

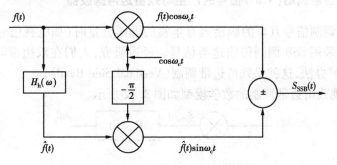

图 3.10　单边带相移法的数学模型

图中,$H_h(\omega)$ 为希尔伯特滤波器,它实质上是一个全通正交网络,它在所有频率上均相移 $\pi/2$。

由傅立叶变换的性质,可以求得:

$$f(t)\cos\omega_c t \overset{\text{FT}}{\Longrightarrow} \frac{1}{2}[F(\omega - \omega_c) + F(\omega - \omega_c)] \tag{3.24}$$

$$\hat{f}(t)\sin\omega_c t \overset{\text{FT}}{\Longrightarrow} \frac{1}{2j}[\hat{F}(\omega - \omega_c) - \hat{F}(\omega + \omega_c)] \tag{3.25}$$

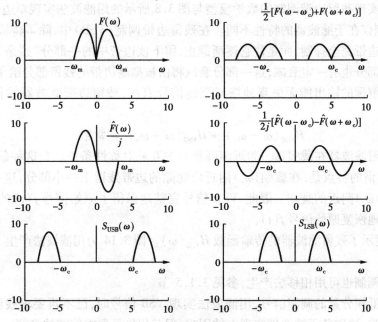

图 3.11　单边带相移法各点频谱

式中,$F(\omega)$是$f(t)$的傅立叶变换,$\hat{F}(\omega)$是$\hat{f}(t)$的傅立叶变换。

由式(3.23)、式(3.24)及式(3.25)可求得用相移法产生 SSB 信号的频域表达式,即

$$S_{\text{SSB}}(\omega) = \frac{1}{2}[F(\omega+\omega_c) + F(\omega-\omega_c)] \pm \frac{1}{2j}[\hat{F}(\omega+\omega_c) - \hat{F}(\omega-\omega_c)] \quad (3.26)$$

式中,"+"号对应于 SSB 的下边带信号,"−"号对应于上边带 SSB 的上边带信号。

由式(3.26),可得单边带相移法数学模型中各点频谱关系如图 3.11 所示。

3.1.4 残留边带调制(VSB)信号的产生与残留边带滤波器

上节指出,当调制信号$f(t)$的频谱内有丰富的低频分量时(如电视信号),上下边带很难分离。因此,不宜采用 SSB 调制传输这类信号。经过研究,人们在双边带与单边带调制之间找到了一种"折中"办法,这就是残留边带调制(Vestigial Side Band)。

用滤波法实现残留边带调制的数学模型如图 3.12 所示。

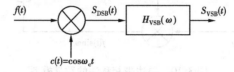

图 3.12　用滤波法实现残留边带调制的数学模型

在图 3.12 中,$H_{\text{VSB}}(\omega)$为残留边带滤波器的传输函数。根据图 3.12 可以得到,VSB 的时域和频域表达式,即

$$S_{\text{VSB}}(t) = S_{\text{DSB}}(t) \cdot h_{\text{VSB}}(t) = [f(t)\cos\omega_c t]h_{\text{VSB}}(t) \quad (3.27)$$

$$S_{\text{VSB}}(\omega) = \frac{1}{2}[F(\omega-\omega_c) + F(\omega+\omega_c)]H_{\text{VSB}}(\omega) \quad (3.28)$$

式中,$h_{\text{VSB}}(t)$为残留边带滤波器的冲击响应。

用滤波法实现残留边带调制的数学模型与图 3.8 所示的用滤波法实现单边带调制的数学模型相似,区别仅在于滤波器的特性不同。在残留边带调制(VSB)中,除了传输一个边带外,不是对另一个边带完全抑制,而是使它逐渐截止,留下该边带中的一部分"残余"。同时,被传输的边带的一部分也有一定衰减,这一部分衰减将由被抑制边带的残留部分给予补偿。

为了保证解调的输出能无失真地恢复调制信号$f(t)$,残留边带滤波器的传输函数必须满足:

$$H_{\text{VSB}}(\omega-\omega_c) + H_{\text{VSB}}(\omega+\omega_c) = \text{常数} \quad (3.29)$$

这就是残留滤波器在载频$|\omega_c|$附近滚降部分的互补对称性条件。在这种条件下,所得到的 VSB 信号频谱的特点是,在载频$|\omega_c|$附近应滤除的边带残留下一小部分,这一部分正好补偿另一边带在$|\omega_c|$附近的衰减。因此,VSB 信号完整地保留了原始信号$f(t)$的频谱信息,经解调能无失真地恢复原始信号$f(t)$。

图 3.13 显示了残留滤波器的传输函数$H_{\text{VSB}}(\omega)$。图 3.14 为用滤波法产生 VSB 信号频谱示意图。

残留边带调制也可用相移法产生,参见 3.1.5 节。

对于具有低频分量的调制信号,用滤波法实现 VSB 信号时,已不再要求残留滤波器具有无限陡的过渡带,这避免了滤波器实现上的困难,但其代价是要求较宽的带宽。

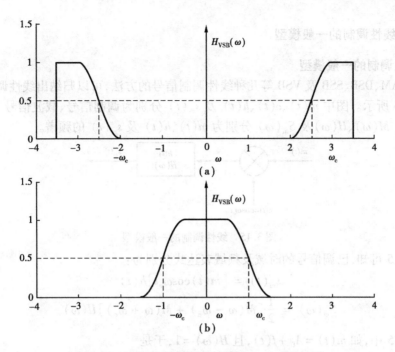

图 3.13 残留滤波器的传输函数 $H_{VSB}(\omega)$ 的波形

（a）残留部分为下边带的传输函数；（b）残留部分为上边带的传输函数

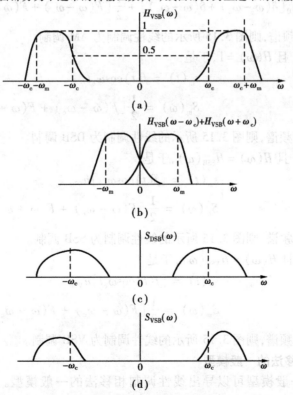

图 3.14 用滤波法产生 VSB 信号的频谱示意图

3.1.5 线性调制的一般模型

(1)线性调制的一般模型

由产生 AM、DSB、SSB 及 VSB 等几种线性调制信号的方法,可以归纳出线性调制的一般模型,如图 3.15 所示。图中 $m(t)$、$c(t)$、$h(t)$ 及 $s_m(t)$ 分别为调制信号、载波信号、调制滤波器及已调信号。$M(\omega)$、$H(\omega)$ 及 $S_m(\omega)$ 分别为 $m(t)$、$h(t)$ 及 $s_m(t)$ 的频谱。

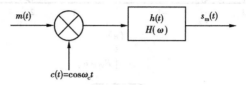

图 3.15 线性调制的一般模型

由图 3.15 可知,已调信号的时域及频域表达式分别为:

$$s_m(t) = \left[m(t)\cos\omega_c t \right]h(t) \tag{3.30}$$

$$S_m(\omega) = \frac{1}{2}\left[M(\omega - \omega_c) + M(\omega + \omega_c) \right]H(\omega) \tag{3.31}$$

在图 3.15 中,如 $m(t) = A_0 + f(t)$,且 $H(\omega) = 1$,于是

$$s_m(t) = \left[A_0 + f(t) \right]\cos\omega_c t$$

$$S_m(\omega) = \pi A_0\left[\delta(\omega - \omega_c) + \delta(\omega + \omega_c) \right] + \frac{1}{2}\left[F(\omega - \omega_c) + F(\omega + \omega_c) \right]$$

式中,$F(\omega)$ 为 $f(t)$ 的频谱,则图 3.15 所示的线性调制为 AM 调制。

如 $m(t) = f(t)$ 且 $H(\omega) = 1$,于是

$$s_m(t) = f(t)\cos\omega_c t$$

$$S_m(\omega) = \frac{1}{2}\left[F(\omega - \omega_c) + F(\omega + \omega_c) \right]$$

式中,$F(\omega)$ 为 $f(t)$ 的频谱,则图 3.15 所示的线性调制为 DSB 调制。

如 $m(t) = f(t)$ 且 $H(\omega) = H_{SSB}(\omega)$,于是

$$s_m(t) = \left[f(t)\cos\omega_c t \right]h_{SSB}$$

$$S_m(\omega) = \frac{1}{2}\left[F(\omega - \omega_c) + F(\omega + \omega_c) \right]H_{SSB}(\omega)$$

式中,$F(\omega)$ 为 $f(t)$ 的频谱,则图 3.15 所示的线性调制为 SSB 调制。

如 $m(t) = f(t)$ 且 $H(\omega) = H_{VSB}(\omega)$,于是

$$s_m(t) = \left[f(t)\cos\omega_c t \right]h_{VSB}$$

$$S_m(\omega) = \frac{1}{2}\left[F(\omega - \omega_c) + F(\omega + \omega_c) \right]H_{VSB}(\omega)$$

式中,$F(\omega)$ 为 $f(t)$ 的频谱,则图 3.15 所示的线性调制为 VSB 调制。

(2)线性调制相移法的一般模型

由线性调制的一般模型可以导出线性调制相移法的一般模型。根据卷积的定义,式(3.30)可以写为:

$$s_m(t) = \left[m(t)\cos\omega_c t \right]h(t) = \int_{-\infty}^{\infty} h(\tau)m(t - \tau)\cos(\omega_c t - \omega_c \tau)\mathrm{d}\tau$$

$$= \cos\omega_c t \int_{-\infty}^{\infty} [h(\tau) m(t-\tau) \cos\omega_c \tau] \mathrm{d}\tau +$$

$$\sin\omega_c t \int_{-\infty}^{\infty} [h(\tau) m(t-\tau) \sin\omega_c \tau] \mathrm{d}\tau \tag{3.32}$$

设 $h_I(t)$ 和 $h_Q(t)$ 分别为同相滤波器或正交滤波器,它们的冲激响应分别为:

$$\begin{cases} h_I(t) = h(t)\cos\omega_c t \\ h_Q(t) = h(t)\sin\omega_c t \end{cases} \tag{3.33}$$

于是,式(3.32)可以写为:

$$s_m(t) = [m(t) \cdot h_I(t)]\cos\omega_c t + [m(t) \cdot h_Q(t)]\sin\omega_c t$$

$$= s_I(t)\cos\omega_c t + s_Q(t)\sin\omega_c t \tag{3.34}$$

式中:
$$s_I(t) = m(t) \cdot h_I(t)$$
$$s_Q(t) = m(t) \cdot h_Q(t) \tag{3.35}$$

由式(3.34)可得,$s_m(t)$ 的频谱 $S_m(\omega)$ 为:

$$S_m(\omega) = \frac{1}{2}[S_I(\omega-\omega_c) + S_I(\omega+\omega_c)] + \frac{j}{2}[-S_Q(\omega-\omega_c) + S_Q(\omega+\omega_c)] \tag{3.36}$$

由式(3.34)可得,线性调制的相移法的一般模型如图 3.16 所示。图中,同相滤波器的冲激响应和传输函数分别为 $h_I(t)$ 和 $H_I(\omega)$,正交滤波器的冲激响应和传输函数分别为 $h_Q(t)$ 和 $H_Q(\omega)$。

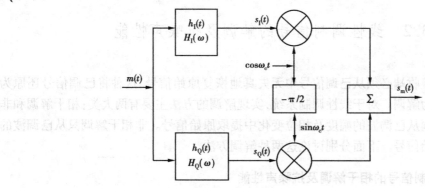

图 3.16 线性调制的相移法的一般模型

在图 3.16 中,如 $H_I(\omega) = 1$
$$H_Q(\omega) = 0$$
$$s_I(t) = m(t) = A_0 + f(t)$$

则式(3.34)变为:

$$s_m(t) = [A_0 + f(t)]\cos\omega_c t$$

这就是 AM 信号的表示式,它表示 AM 信号中只有同相分量,而没有正交分量。

在图 3.16 中,如 $H_I(\omega) = 1$
$$H_Q(\omega) = 0$$
$$s_I(t) = m(t) = f(t)$$

则式(3.34)变为:

$$s_m(t) = f(t)\cos\omega_c t$$

这就是 DSB 信号的表示式,它表示 DSB 信号中只有同相分量,而没有正交分量。

在图 3.16 中,如
$$H_I(\omega) = 1$$
$$H_Q(\omega) = H_I(\omega)$$
$$m(t) = f(t)$$

则
$$s_I(t) = f(t)$$
$$s_Q(t) = \hat{f}(t)$$

于是,式(3.34)变为:
$$s_m(t) = f(t)\cos\omega_c t \pm \hat{f}(t)\sin\omega_c t$$

这就是 SSB 信号的表示式,它表示 SSB 信号中既有同相分量,也有正交分量。

在图 3.6 中,如
$$m(t) = f(t)$$
$$H_I(\omega) = \frac{1}{2}\left[H_{VSB}(\omega - \omega_c) + H_{VSB}(\omega + \omega_c)\right]$$
$$H_Q(\omega) = \frac{j}{2}\left[-H_{VSB}(\omega - \omega_c) + H_{VSB}(\omega + \omega_c)\right]$$

式中,$H_{VSB}(\omega)$ 为 VSB 滤波器,则图 3.16 所示的调制方式为 VSB 调制方式。

3.2 线性调制信号的解调及抗噪声性能

在通信系统的接收端必须从已调信号中无失真地恢复原始信号,这种将已调信号还原为原始信号的过程称为解调。对于线性调制系统,实现解调的方法主要有两大类:相干解调和非相干解调。相干解调从已调波的幅度及相位变化中提取原始信号。非相干解调只从已调波的幅度变化中提取原始信号。下面分别讨论这两种解调方法。

3.2.1 线性调制信号的相干解调及抗噪声性能

由以上讨论可知,调制过程的实质是把调制信号的频谱平移到载频的位置。而解调的过程则需要将位于载频位置的已调信号的频谱平移回原来位置。因此,从频域上看,调制和解调都是完成频谱平移变换的过程。乘法器可以完成频谱平移变换,用乘法器和滤波器组成线性调制模型,可以产生各种线性调制信号。在接收端同样可以用乘法器来完成频谱逆平移变换,再用低通滤波器 LPF 来提取调制信号。相干解调的一般模型如图 3.17 所示。相干解调的关键是必须在已调信号接收端产生与调制载波同频、同相的本地载波。否则,相干解调后会使原始基带信号减弱,甚至带来严重失真。

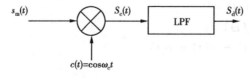

图 3.17 相干解调的一般模型

在图 3.17 中,已调信号与本地载波相乘后的输出为:

$$s_c(t) = s_m(t)\cos\omega_c t = \left[s_I(t)\cos\omega_c t + s_Q(t)\sin\omega_c t\right]\cos\omega_c t$$
$$= \frac{1}{2}s_I(t) + \frac{1}{2}s_I(t)\cos2\omega_c t + \frac{1}{2}s_Q(t)\sin2\omega_c t$$

通过低通滤波器 LPF 后的输出为:

$$s_d(t) = \frac{1}{2}s_I(t) \tag{3.37}$$

由上节分析可知,在线性系统中,有 $s_I(t) = m(t)$,若 $m(t) = f(t)$,则由上式可求得解已调信号 $s_d(t)$ 为:

$$s_d(t) = \frac{1}{2}f(t) \tag{3.38}$$

如原始信号 $f(t)$ 的频谱为 $F(\omega)$,则已解调信号的谱频为:

$$S_d(\omega) = \frac{1}{2}F(\omega) \tag{3.39}$$

(1)DSB 信号的相干解调

DSB 信号的时域表达式为:

$$s_{DSB}(t) = f(t)\cos(\omega_c t) \tag{3.40}$$

设接收端相干解调器的本地载波与发送端调制器的载波同步,由图 3.17 可知,相干解调器的乘法器的输出为:

$$s_c(t) = f(t)\cos^2\omega_c t$$
$$= \frac{1}{2}f(t) + \frac{1}{2}f(t)\cos2\omega_c t \tag{3.41}$$

由式(3.41)可求得相干解调器的乘法器的输出信号 $s_c(t)$ 的频谱为:

$$S_c(\omega) = \frac{1}{2}F(\omega) + \frac{1}{4}\left[F(\omega - 2\omega_c) - F(\omega + 2\omega_c)\right] \tag{3.42}$$

设原始信号 $f(t)$ 的频谱带宽为 ω_m,则只要相干解调器的低通滤波器 LPF 的传输函数满足:

$$H(\omega) = \begin{cases} 1 & |\omega| \leqslant \omega_m \\ 0 & \text{其他} \end{cases} \tag{3.43}$$

就可无失真地恢复原始信号,相干解调器的低通滤波器输出信号的时域和频域表达式分别为:

$$s_d(t) = \frac{1}{2}f(t) \tag{3.44}$$

$$S_d(\omega) = \frac{1}{2}F(\omega) \tag{3.45}$$

DSB 信号相干解调的波形如图 3.18 所示。

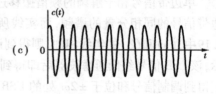

图 3.18　DSB 信号相干解调的波形

（2）SSB 信号的相干解调

由式（3.23），可得 SSB 信号的时域表达式为：

$$S_{\text{SSB}}(t) = \frac{1}{2}f(t)\cos\omega_c t \pm \frac{1}{2}\hat{f}(t)\sin\omega_c t \tag{3.46}$$

设接收端相干解调器的本地载波与发送端调制器的载波同步，由图 3.17，相干解调器的乘法器的输出为：

$$s_c(t) = s_{\text{SSB}}(t)\cos\omega_c t \tag{3.47}$$

由式（3.47），可求得 $s_c(t)$ 的频谱为：

$$S_c(\omega) = \frac{1}{2}\left[S_{\text{SSB}}(\omega - \omega_c) - S_{\text{SSB}}(\omega + \omega_c)\right] \tag{3.48}$$

将式（3.26）代入上式，可得：

$$S_c(\omega) = \frac{1}{2}F(\omega) + \frac{1}{4}\left[F(\omega - 2\omega_c) + F(\omega + 2\omega_c)\right] \mp \frac{1}{2j}\left[\hat{F}(\omega + 2\omega_c) - \hat{F}(\omega - 2\omega_c)\right] \tag{3.49}$$

设原始信号 $f(t)$ 的频谱带宽为 ω_m，只要相干解调器的低通滤波器 LPF 的传输函数满足：

$$H(\omega) = \begin{cases} 1 & |\omega| \leq \omega_m \\ 0 & \text{其他} \end{cases} \tag{3.50}$$

就可经 LPF 滤除 2 倍载频处的边带分量，得到相干解调器的低通滤波器输出信号的频域表达式为：

$$S_d(\omega) = \frac{1}{2}F(\omega) \tag{3.51}$$

由上式可得相干解调器的低通滤波器输出信号的时域表达式为：

$$s_d(t) = \frac{1}{2}f(t) \tag{3.52}$$

单边带信号相干解调的频谱搬移过程，如图 3.19 所示。图 3.19（a）、（b）的阴影所示为单边带信号的同相分量的谱频，而实线所示则为它们与本地载波相乘后再搬移的频谱。在图 3.19 中，（a）和（b）的实线相加，则得到调制信号和位于 $\pm 2\omega_c$ 处的 LSB 频谱，如图 3.19（c）所示，该 LSB 信号经低通滤波器后即得到调制信号，如图 3.19（e）所示。（a）和（b）的实线相减，则得到调制信号和位于 $\pm 2\omega_c$ 处的 USB 频谱，如图 3.19（d）所示，该 USB 信号经低通滤波器后即得到调制信号，如图 3.19（e）所示。

（3）VSB 信号的相干解调

采用与上节类似的方法，可求得相干解调器的低通滤波器 LPF 输出信号的频域表达式为：

$$S_c(\omega) = \frac{1}{4}F(\omega)\left[H_{\text{VSB}}(\omega - \omega_c) + H_{\text{VSB}}(\omega + \omega_c)\right] \tag{3.53}$$

由上式可知，若要不失真地恢复原始信号的频谱 $F(\omega)$，要求上式方括号内的值为常数，即在原始信号的频带（$|\omega| < \omega_m$）内满足：

$$H_{\text{VSB}}(\omega - \omega_c) + H_{\text{VSB}}(\omega + \omega_c) = \text{常数} \tag{3.54}$$

这即是式（3.29）所示的滤波法产生 VSB 信号的无失真条件。

如 VSB 滤波器满足式（3.54），并且 VSB 滤波器和相干解调低通滤波器的增益为 1，则相干解调器的低通滤波器输出信号的时域和频域表达式分别为：

$$s_d(t) = \frac{1}{4} f(t) \qquad (3.55)$$

$$S_d(\omega) = \frac{1}{4} F(\omega) \qquad (3.56)$$

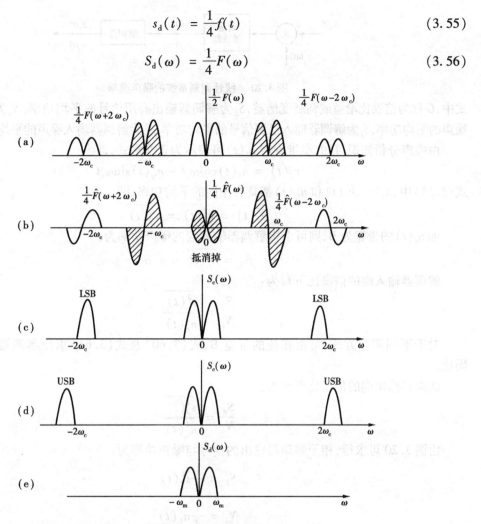

图 3.19　单边带信号相干解调的频谱图

(4) 线性调制系统相干解调的抗噪声性能

对于任何信道,噪声总是存在的,因而需要分析各种调制系统的抗噪声性能。设信道的噪声为加性高斯白噪声,在线性调制系统中,可以认为加性高斯白噪声是从接收机的输入端集中输入的。因此,调制系统的抗噪声性能主要由解调器的抗噪声性能来表征。分析模型如图 3.20 所示,$s_m(t)$ 为已调信号(如 DSB、SSB 及 VSB),$n(t)$ 为信道加性高斯白噪声。带通滤波器的作用是在保留已调信号的前提下,滤除已调信号频带以外的噪声。带通滤波器的带宽应等于接收已调信号的带宽。(如信号的带宽为 f_m,则对 AM 和 DSB 信号,带通滤波器的带宽应为 $2f_m$;对于 SSB 信号,带通滤波器的带宽应为 f_m;对于 VSB 信号,带通滤波器的带宽应大于 f_m,而小于 $2f_m$。)因此,解调器输入端的信号仍为 $s_m(t)$,即 $s_i(t) = s_m(t)$。但噪声变为窄带高斯噪声 $n_i(t)$。$s_d(t)$ 为解调器输出的有用信号,$n_o(t)$ 为解调器输出的噪声信号。

解调器的抗噪声性能通常用解调器输出端的信噪比与解调器输入端的信噪比之比来表示,即

$$G = \frac{S_d / N_o}{S_i / N_i} \qquad (3.57)$$

45

图 3.20　线性调制系统的噪声模型

式中,G 称为信噪比增益或调制度增益,S_d 为解调器输出有用信号的平均功率,N_o 为解调器输出噪声的平均功率,S_i 为解调器输入已调信号的平均功率,N_i 为解调器输入噪声的平均功率。

由噪声分析知识可知,窄带噪声 $n_i(t)$ 可表示为正交形式,即

$$n_i(t) = n_I(t)\cos\omega_c t - n_Q(t)\sin\omega_c t \tag{3.58}$$

式(5.58)中,$n_i(t)$、$n_I(t)$ 和 $n_Q(t)$ 都具有相同的平均功率,即

$$\overline{n_i^2(t)} = \overline{n_I^2(t)} = \overline{n_Q^2(t)} \tag{3.59}$$

如 $n_i(t)$ 的带宽为 B,则可求得解调器输入端的噪声功率为:

$$N_i = \overline{n_i^2(t)} = n_0 B \tag{3.60}$$

解调器输入端的信噪比可写为:

$$\frac{S_i}{N_i} = \frac{\overline{s_i^2(t)}}{\overline{n_i^2(t)}} \tag{3.61}$$

对于不同调制方式,可由相应的带宽 B、式(3.60)及式(3.61)求得解调器输入端的信噪比。

解调器输出端的信噪比可写为:

$$\frac{S_d}{N_o} = \frac{\overline{s_d^2(t)}}{\overline{n_o^2(t)}} \tag{3.62}$$

由图 3.20 可求得,相干解调器输出的信号与噪声功率为:

$$S_d = \frac{1}{4} s_{iI}^2(t) \tag{3.63}$$

$$N_d = \frac{1}{4} n_I^2(t) \tag{3.64}$$

式(3.63)及式(3.64)中,$s_{iI}^2(t)$ 为解调器输入端信号的同相分量,$n_I^2(t)$ 为解调器输入端噪声的同相分量。

因此,由式(3.57)、式(3.61)、式(3.62)、式(3.63)及式(3.64)可得,解调器的调制度增益 G 为:

$$G = \frac{\overline{s_{iI}^2(t)} / \overline{n_I^2(t)}}{\overline{s_i^2(t)} / \overline{n_i^2(t)}} \tag{3.65}$$

由以上分析可看出,输出信噪比和 G 不仅与调制方式有关,还与解调方式有关。在相同的 S_m 和 N_i 的条件下,输出信噪比越高,则解调器抗噪声性能越好。

在给定 S_m 和 N_i 的情况下,由式(3.60)和式(3.65),可以求得各种调制系统的抗噪声性能如下:

1)AM 调制系统的抗噪声性能

$$G_{AM} = \frac{\overline{2f^2(t)}}{A_0 + f^2(t)} \tag{3.66}$$

由上式看出,AM 系统相干解调器的 G 总小于 1 或等于 1。这是因为,AM 信号中包含有

载波分量,这个分量不携带信息,但却占据 AM 信号总功率的一半以上,它对解调后信噪比的改善不会带来任何好处;相反,随着该载波分量在 AM 信号中比重的增大,还会使抗噪声性能进一步恶化。因而,AM 信号很少采用相干解调。

2)DSB 调制系统的抗噪声性能

$$G_{\mathrm{DSB}} = 2 \qquad\qquad (3.67)$$

DSB 解调器的信噪比改善了一倍。这是因为相干解调器把噪声中的正交分量抑制掉,从而使噪声功率减半的原因。

3)SSB 调制系统的抗噪声性能

$$G_{\mathrm{SSB}} = 1 \qquad\qquad (3.68)$$

在 SSB 系统中,信号和噪声具有相同的表达式,在相干解调过程中,信号和噪声的正交分量均被抑制掉,故信噪比没有改善。

4)VSB 调制系统的抗噪声性能

在滚降区很窄时,VSB 相干解调器的抗噪声性能可以近似认为与 SSB 系统相同。

3.2.2　AM 信号的包络解调及抗噪声性能

(1)AM 信号的包络解调

对于 AM 信号,也可以用相干解调,但常用的解调方式是包络解调,包络解调属于非相干解调。包络解调器由包络检波器与低通滤波器组成,如图 3.21 所示。

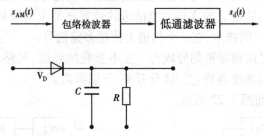

图 3.21　AM 信号包络解调抗噪声性能的模型

(2)AM 信号包络解调的抗噪声性能

分析 AM 信号包络解调抗噪声性能的模型也如图 3.20 所示,$s_{\mathrm{m}}(t)$ 为 AM 已调信号,$n(t)$ 为信道加性高斯白噪声。带通滤波器的作用是滤除已调信号频带以外的噪声,因此,解调器输入端的信号仍为 $s_{\mathrm{m}}(t)$,但噪声变为窄带高斯噪声 $n_{\mathrm{i}}(t)$。$s_{\mathrm{d}}(t)$ 为解调器输出的有用信号,$n_{\mathrm{o}}(t)$ 为解调器输出的噪声信号,其中的解调器为包络检波器。

设解调器输入信号为:

$$s_{\mathrm{AM}}(t) = m(t) \cdot c(t) = \left[A_0 + f(t)\right]\cos(\omega_c t + \phi_c) \qquad (3.69)$$

式中,A_0 是常数,表示直流分量,$f(t)$ 是交流分量,且 $A_0 \geqslant \left|f(t)\right|_{\max}$。

设 $f(t)$ 的截止频率为 f_{H},则低通滤波器的带宽 $B = 2f_{\mathrm{H}}$。

通过分析可知,包络检波器输出与相干解调器输出不同,它不能分解为由输入信号引起的信号分量和噪声引起的噪声分量。所以,不能分别计算输出信号功率和噪声功率。只有在包络检波器输入信噪比很高的情况下,进行近似计算。而在输入信噪比很低时,包络检波器会出现"门限效应"。下面分别讨论这两种情况:

1)高信噪比情况

此时输入信号幅度远大于噪声幅度,可分别计算输出信号功率和噪声功率,从而得到包络检波器的信噪比增益,即

$$G = \frac{S_d/N_o}{S_i/N_i} = \frac{\overline{2f^2(t)}}{A^2 + \overline{f^2(t)}} \tag{3.70}$$

对于100%调制(即 $A = |m(t)|_{max}$),且为单音频正弦信号时,有:

$$G_{AM} = 2/3 \tag{3.71}$$

这是包络检波器能得到的最大信噪比改善。

2)低信噪声比情况

在包络检波器输入信噪比很低时,输出信噪比随输入信噪比成正比下降的规律将被破坏。当输入信噪比下降到某一转折点以后,输出信噪比开始以比输入信噪比更快的速度下降,这种性能的转折现象称为"门限效应",转折点的输入信噪声比称为门限值,当输入信噪比低于门限值时,输出信噪比急剧下降,包络检波器失去解调能力。

3.3 频分复用(FDM)

线性调制系统的实质是将一个基带信号的频谱搬移到通带频谱上,这个通带频谱的带宽小于或等于基带信号频谱的带宽的2倍。当信道的带宽比基带信号频谱的带宽宽得多时,可以采用"频分复用(FDM)"的技术,在一个信道上传输多路信号。

在FDM中,信道的可用频带被划分成若干互不重叠的频段,每路信号占据其中的一个频段。在接收端可用适当的滤波器将它们区分开来,分别解调。

FDM的原理方框图如图3.22所示。

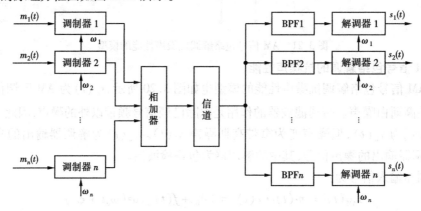

图3.22 FDM的原理方框图

其中,BPFn 为第 n 路信号的带通滤波器,$m_n(t)$ 为第 n 路调制信号,$s_n(t)$ 为第 n 路解调信号,ω 为第 n 路信号的载波频率。

频分复用的频谱结构如图3.23所示。

图中,ω_H 为调制信号的带宽。为了防止邻路发生相互干扰,各载频之间的间隔应大于或等于 ω_H。n 路合成信号的带宽为 $n\omega_H$。

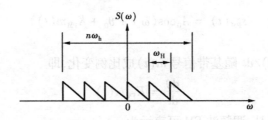

图 3.23　频分复用的频谱结构

FDM 的优点是信道复用率高、复用路数多,分路方便。其主要缺点是:设备复杂,容易产生路间干扰。

FDM 广泛用于长途载波电话、电视广播等方面。

在多路载波电话系统中,为了节省传输带宽,采用单边带调制频分复用。每路电话信号带宽为 300 ~ 3 400Hz,为了在各路已调信号间留有保护间隔,以允许滤波器有可实现的过渡带,每路取 4kHz 为标准过渡带。

3.4　角度调制(非线性调制)

除线性调制外,还有一类重要的调制方式,即非线性调制方式。非线性调制是通过对载波的频率或相位进行调制来实现的。载波的频率或相位被调制,也即载波的角度被调制,所以把频率调制和相位调制统称为角度调制。角度调制信号的幅度不变,调制信号的信息是由载波的频率或相位来携带的。由于频率调制(FM)和相位调制(PM)之间存在内在联系,而在实际中频率调制得到广泛应用,所以本书主要讨论频率调制。

3.4.1　角度调制的基本概念

在连续波调制中,未调载波可表示为:

$$c(t) = A_0\cos(\omega_c t + \theta_0) = A_0\cos\psi(t) \tag{3.72}$$

式中,$\psi(t) = \omega_c t + \theta_0$ 为载波瞬时相位。

载波的瞬时角频率定义为:

$$\omega(t) = \mathrm{d}\psi(t)/\mathrm{d}t = \omega_c(\omega_c 为常数)$$

角度调制信号的一般表达式为:

$$s_M(t) = A_0\cos(\omega_c t + \theta_0 + \theta(t)) = A_0\cos\psi(t) \tag{3.73}$$

其瞬时相位为:

$$\psi(t) = \omega_c t + \theta_0 + \theta(t) \tag{3.74}$$

瞬时角频率为:

$$\omega(t) = \mathrm{d}\psi(t)/\mathrm{d}t = \omega_c + \mathrm{d}\theta(t)/\mathrm{d}t \tag{3.75}$$

(1)调相波

对于相位调制,载波的 $\theta(t)$ 随基带信号 $m(t)$ 成比例变化,即

$$\theta(t) = K_{PM}m(t) \tag{3.76}$$

式中,K_{PM} 为比例常数,于是,调相波可表示为:

$$s_{PM}(t) = A_0\cos(\omega_c t + \theta_0 + K_{PM}m(t)) \tag{3.77}$$

(2)调频波

对于频率调制,$d\theta(t)/dt$ 随基带信号 $m(t)$ 成比例变化,即

$$\frac{d\theta}{dt} = K_{FM}m(t) \tag{3.78}$$

式中,K_{FM}为比例常数,于是,调频波 FM 可表示为:

$$s_{FM}(t) = A_0\cos\left[\omega_c t + \theta_0 + K_{FM}\int_{-\infty}^t m(\tau)d\tau\right] \tag{3.79}$$

FM 信号的瞬时相位为:

$$\psi(t) = \omega_c t + \theta_0 + K_{FM}\int_{-\infty}^t m(\tau)d\tau \tag{3.80}$$

FM 信号的瞬时角频率为:

$$\omega(t) = \frac{d\psi}{dt} = \omega_c + K_{FM}m(t) \tag{3.81}$$

式中,$K_{FM}m(t)$称为瞬时角频率偏移,常数 K_{FM}称为调频系数。

$K_{FM}|m(t)|_{max}$称为最大瞬时角频率偏移,记为 $\Delta\omega_{FM}$,即

$$\Delta\omega_{FM} = K_{FM}|m(t)|_{max} \tag{3.82}$$

调频波的波形如图 3.24 所示。

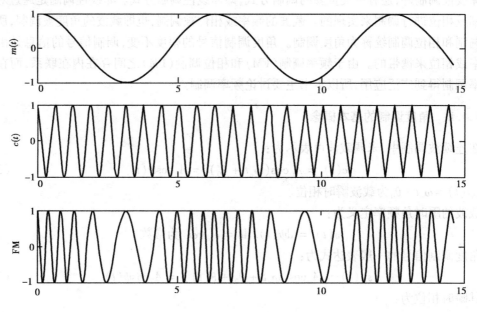

图 3.24　调频波的波形

3.4.2　单频调制

设调制信号为单频信号,即

$$m(t) = A_m\cos\omega_m t \tag{3.83}$$

式中,ω_m为调制频率。

将式(3.83)代入式(3.79),可得单频调频波为:

$$s_{\text{FM}}(t) = A_0\cos\left[\omega_c t + \frac{K_{\text{FM}}A_m}{\omega_m}\sin\omega_m t\right] = A_0\cos\left[\omega_c t + \beta_{\text{FM}}\sin\omega_m t\right] \tag{3.84}$$

式中，$\beta_{\text{FM}} = \dfrac{K_{\text{FM}}A_m}{\omega_m}$ 称为调频指数，它表示调频波的最大相位偏移。

$K_{\text{FM}}A_m$ 为最大角频率偏移，记为 $\Delta\omega_{\max} = K_{\text{FM}}A_m$，则

$$\beta_{\text{FM}} = \frac{K_{\text{FM}}A_m}{\omega_m} = \frac{\Delta\omega_{\max}}{\omega_m} \tag{3.85}$$

3.4.3 窄带频率调制

由 FM 信号的时域表达式(3.79)可见，要得到它的频谱表达式是很困难的。当最大瞬时相位偏移比较小时，已调信号的频谱宽度很窄，称为窄带频率调制(NBFM, Narrow Band FM)。在窄带频率调制的情况下，对任意调制信号，可求得已调信号的频谱。

当最大瞬时相位偏移远小于 $\pi/6$ 时，即

$$\left| K_{\text{FM}}\int_{-\infty}^{t} m(\tau)\,\mathrm{d}\tau \right|_{\max} \ll \frac{\pi}{6} \tag{3.86}$$

由以上讨论可知，FM 信号的一般表达式(3.79)为：

$$s_{\text{FM}}(t) = A_0\cos\left[\omega_c t + \theta_0 + K_{\text{FM}}\int_{-\infty}^{t} m(\tau)\,\mathrm{d}\tau\right]$$

令 $\theta_0 = 0$，当满足式(3.86)时，由(3.79)式可求得窄带频率调制的近似表达式为：

$$s_{\text{NBFM}}(t) \approx A_0\cos\omega_c t - \left[A_0 K_{\text{FM}}\int_{-\infty}^{t} m(\tau)\,\mathrm{d}\tau\right]\sin\omega_c t \tag{3.87}$$

若调制信号的傅氏变换为 $M(\omega)$，则对式(3.87)两边取傅氏变换，可得窄带频率调制的频域表达式为：

$$S_{\text{NBFM}}(\omega) = \pi A_0\left[\delta(\omega - \omega_c) + \delta(\omega + \omega_c)\right] + \frac{A_0 K_{\text{FM}}}{2}\left[\frac{M(\omega - \omega_c)}{(\omega - \omega_c)} - \frac{M(\omega + \omega_c)}{(\omega + \omega_c)}\right] \tag{3.88}$$

而常规双边带调幅的频谱表达式(3.5)为：

$$S_{\text{AM}}(\omega) = \pi A_0\left[\delta(\omega - \omega_c) + \delta(\omega + \omega_c)\right] + \frac{1}{2}\left[F(\omega - \omega_c) + F(\omega + \omega_c)\right]$$

将式(3.88)与式(3.5)相比较可看出，窄带调频信号的频谱表达式与常规双边带调幅的频谱表达式(3.5)具有类似形式。窄带调频信号的频谱也有载波分量和围绕着载频的两个边带。窄带调频信号的带宽与常规双边带调幅的相同，均为调制信号 $m(t)$ 的最高频率分量的两倍。但两者是有本质的区别。即窄带调频时，正、负频率分量分别乘上因式 $1/(\omega - \omega_c)$ 和 $1/(\omega + \omega_c)$，且负频率分量和正频率分量相差 π。

由式(3.88)和式(3.5)，可画出如图 3.25 所示的 NBFM 信号和 AM 信号的频谱示意图。

为了讨论方便，这里仍然只讨论单频调制的特殊情况。

设调制信号为：

$$m(t) = A_m\cos\omega_m t \tag{3.89}$$

则其傅氏变换为：

$$M(\omega) = \pi A_m\left[\delta(\omega + \omega_m) + \delta(\omega - \omega_m)\right] \tag{3.90}$$

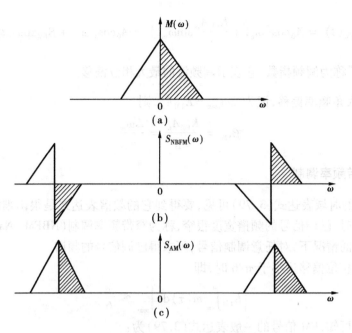

图 3.25　NBFM 及 AM 信号频谱

将式(3.90)代入式(3.88),可求得单频调制信号的频谱为:

$$S_{NBFM}(\omega) = \pi A_0 [\delta(\omega - \omega_c) + \delta(\omega + \omega_c)] +$$
$$\frac{\pi A_0 \beta_{FM}}{2} [\delta(\omega - \omega_c - \omega_m) - \delta(\omega - \omega_c + \omega_m)] +$$
$$\frac{\pi A_0 \beta_{FM}}{2} [\delta(\omega + \omega_c + \omega_m) - \delta(\omega + \omega_c - \omega_m)] \qquad (3.91)$$

由式(3.5)和式(3.91),可以画出如图 3.26 所示的单频调制信号的频谱图。可以从图 3.26 中看出,常规双边带调幅中载波与上下边带的合成矢量与载波同相,只发生幅度变化。而在窄带调频中,由于下边带为负,因而合成矢量并不与载波同相,存在相位偏移 $\Delta\phi$,当最大相位偏移满足式(3.86)时,合成的幅度基本不变,形成了调频信号。单频调制信号的常规双边带调幅与 NBFM 信号的矢量表示如图 3.27 所示。

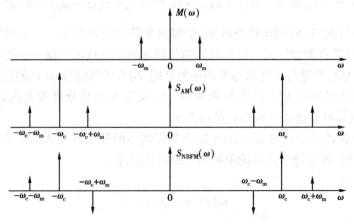

图 3.26　单频调制信号的频谱图

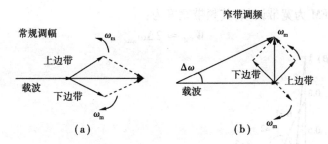

图 3.27　单频调制信号的 NBFM 及 AM 信号的矢量表示

3.4.4　单频宽带频率调制

当式(3.86)所限制的条件不成立时,频率调制不属于窄带调频,调频信号不能用近似式(3.87)来表示。这时的频率调制称为宽带频率调制(WBFM,Wide Band FM),需用式(3.79)来表示。对式(3.79)两边取傅氏变换可得到其频谱特性,但等式右边的傅氏变换得不到简明的解析结果。所以,这里仍首先讨论单频调制的情况。

设单频调制信号为:

$$m(t) = A_m\cos\omega_m t \tag{3.92}$$

式中,ω 为调制频率。

将上式代入式(3.79),可得:

$$s_{FM}(t) = A_0\sum_{n=-\infty}^{\infty} J_n(\beta_{FM})\cos(\omega_c + n\omega_m)t \tag{3.93}$$

式中,J、(β_{FM}) 是第一类 n 阶贝塞尔函数。

对(3.93)式两边取傅氏变换,可得:

$$S_{FM}(\omega) = \pi A_0\sum_{n=-\infty}^{\infty} J_n(\beta_{FM})\big[\delta(\omega - \omega_c - n\omega_m) + \delta(\omega + \omega_c + n\omega_m)\big] \tag{3.94}$$

式(3.94)表明,虽然 $m(t)$ 是单频余弦波,但已调信号在 $\pm\omega_c$ 附近却含有无穷多个频率分量。由以上讨论可知,即使在单频调制的情况下,调频波的频谱也会扩展到无限宽,这是调频波与 AM 波的明显不同之处。由式(3.94)还可以看出,载频分量幅度正比于 $J_0(\beta_{FM})$,而围绕载频 ω_c 的各次频率分量的正比于 $J_n(\beta_{FM})$。第一类 n 阶贝塞尔函数 $J_n(\beta_{FM})$ 的曲线如图3.28所示,由图 3.28 可看出,$J_n(\beta_{FM})$ 的最大值随着 n 的增大而下降。因而,各频率分量也随着 n 的增大而下降。由图 3.28 还可看出,当 $n > 4$ 时,$|J_n(\beta_{FM})| < 0.01$,这时,各边频分量幅度小于未调载波幅度的 1/100。所以,在实际应用中,可将比 $n = 4$ 更高阶数的边频都忽略掉,FM 波的频谱只取载频和载频附近的上下各 4 次边频就可以了。

(1)单频宽带频率调制的带宽

由贝塞尔函数的性质可知,当 $n > (\beta_{FM} + 1)$ 时,$J_n(\beta_{FM}) \approx 0$。因此,计算 FM 信号的有效带宽 W_{FM},就可只计算 $(\beta_{FM} + 1)$ 个边频的宽度,从而有:

$$W_{FM} = 2(\beta_{FM} + 1)\omega_m = 2(\Delta\omega_{max} + \omega_m) \tag{3.95}$$

该关系式又称为卡森准则。

当 $\beta_{FM} \ll 1$ 时,FM 为窄带调频,其频带宽度与 AM 已调信号相同,即

$$W_{FM} = 2\omega_m \tag{3.96}$$

当 $\beta_{FM} \gg 1$ 时,FM 为宽带调频,其频带宽度为:

$$W_{FM} \approx 2\Delta\omega_{max} \qquad (3.97)$$

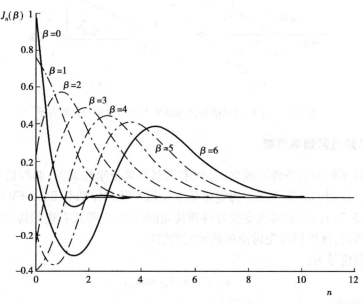

图 3.28 第一类贝塞尔函数曲线

由于所有通信系统都具有带宽与信噪比的互换性,通信系统占用的带宽越宽,抗噪声能力就越强。在调频系统中,β_{FM} 增加,传输带宽加大,系统的抗噪声将得到改善。因而在调频方式中,可以用增加传输带宽来提高系统的信噪比;而在调幅方式中,信号带宽是固定的,因而不能实现带宽与信噪比的变换。所以,大信噪比时,调频系统的抗噪声性能将优于调幅系统。

在普通调频广播中,所容许的最大频率偏移 $\Delta f_{max} = 75\text{kHz}$,最高调制频率 $f_m = 15\text{kHz}$,则由式(3.95)可得,已调频信号 FM 的带宽为:

$$B_{FM} = W_{FM}/2\pi = 2(\Delta f_{max} + f_m) = 2 \times (75 + 15)\text{kHz} = 180\text{kHz}$$

实际采用的数值为 $B_{FM} = 200\text{kHz}$。

(2)单频宽带频率调制的功率分布

由于信号的平均功率等于信号的均方值,由式(3.93)可知,单频调制 PM 信号的总功率为:

$$P_{FM} = \overline{s_{FM}^2(t)} = \overline{\left[A_0 \sum_{n=-\infty}^{\infty} J_n(\beta_{FM})\cos(\omega_c + n\omega_m)t\right]^2} \qquad (3.98)$$

由于余弦信号满足正交条件,所以将上式展开后各交叉项的平均值为零,于是可得:

$$\begin{aligned} P_{FM} &= \frac{A_0}{2} \sum_{n=-\infty}^{\infty} J_n^2(\beta_{FM}) \\ &= \frac{A_0}{2} J_0^2(\beta_{FM}) + \frac{A_0}{2} \sum_{\substack{n=-\infty \\ n\neq 0}}^{\infty} J_n^2(\beta_{FM}) \\ &= P_0 + P_n \end{aligned} \qquad (3.99)$$

式中,P_0 为载波功率。

$$P_0 = \frac{A_0}{2} J_0^2(\beta_{FM}) \qquad (3.100)$$

P_n 为 FM 波的第 n 次边频功率:

$$P_n = \frac{A_0}{2} \sum_{\substack{n = -\infty \\ n \neq 0}}^{\infty} J_n^2(\beta_{FM}) \tag{3.101}$$

贝塞尔函数具有如下性质:

$$\sum_{n = -\infty}^{\infty} J_n^2(\beta) = 1 \tag{3.102}$$

$$J_{-n}(\beta) = (-1)^n J_n(\beta) \tag{3.103}$$

由式(3.99)、式(3.102)及式(3.103)可得,FM 波的总平均功率为:

$$P_{FM} = \frac{A_0}{2} \tag{3.104}$$

由式(3.99)、式(3.102)及式(3.103)可得,FM 波的第 n 对频率分量的平均功率为:

$$P_{\pm n} = \frac{A_0}{2} [J_n^2(\beta_{FM}) + J_{-n}^2(\beta_{FM})] = 2\frac{A_0}{2} J_n^2(\beta_{FM}) \tag{3.105}$$

例 3.1　取 $\beta_{FM} = 3$,由贝塞尔函数表查得,$J_0(3) = -0.260$,$J_1(3) = 0.339$,$J_2(3) = 0.486$,$J_3(3) = 0.309$,$J_4(3) = 0.486$。由此可算出 FM 波载频分量的平均功率为:

$$P_0 = \frac{A_0}{2}(-0.260)^2 = 0.067\ 6\frac{A_0}{2}$$

如有效边频取 4 对(即 $n = \pm 4, \pm 3, \pm 2, \pm 1$),由式(3.105)可得边频功率为:

$$P_s = 2\frac{A_0}{2}[(0.339)^2 + (0.486)^2 + (0.309)^2 + (0.132)^2] = 0.928\frac{A_0}{2}$$

FM 波的总有效平均功率为:

$$P_{FM} = P_0 + P_s = 0.996\frac{A_0}{2}$$

由此例可见,大约总功率的 6.8% 在载波中,92.8% 在载波附近的 4 对边频中,而 99.6% 的总功率在信号有效带宽内。因此,在 FM 波只取载波和载波附近的 4 对边频就可以了。

例 3.2　取 $\beta_{FM} = 0.5$(此时为窄带调频),由贝塞尔函数表查得,$J_0(0.5) = 0.938\ 5$,$J_1(0.5) = 0.242\ 3$,$J_2(0.5) = 0.030\ 6$。由此可算出 FM 波载频分量的平均功率为:

$$P_0 = \frac{A_0}{2}(0.938\ 5)^2 = 0.881\frac{A_0}{2}$$

如有效边频取 1 对(即 $n = \pm 1$),由式(3.105)可得一对边频功率为:

$$P_s = 2\frac{A_0}{2}(0.242\ 3)^2 = 0.117\frac{A_0}{2}$$

FM 波的总有效平均功率为:

$$P_{FM} = P_0 + P_s = 0.999\frac{A_0}{2}$$

由此可见,已达到未调制波功率的 99.9%。这说明在窄带调频情况下只需取载频及上下两个一次边频就可以了。

通过上述分析可以看出,调频信号的总功率等于未调载波功率。这是因为调频过程中,已调信号的幅度不变,因此,信号的总平均功率和峰值功率都不变化,但调频影响信号的带宽,这与 AM 有显著的不同。

在 AM 中,调制过程影响功率的峰值和平均值,而信号的带宽不受影响。但是,调频影响功率在载波和边带之间的分配。因为调频波的载波幅度和边频幅度都随 β_{FM} 的改变而变化。若适当地选择 β_{FM},可使 $J_0(\beta_{FM})$ 任意地小,在 β_{FM} 取 2.405,5.52,…时,$J_0(\beta_{FM})=0$,这时全部信号功率都由边带携带。因此,FM 波的效率可任意地接近 100%。这说明,在调频过程中,调频导致能量从载波到边带的转移,即从载波取出能量放入边带中去。β_{FM} 增加时,$J_0(\beta_{FM})$ 减小,因而效率提高,但同时边频数目增多,信号带宽加大。

在以上两例中,在 $J_0(\beta_{FM})=0.5$ 时,载频分量功率占 FM 波总功率的 88% 左右,而在 $J_0(\beta_{FM})=3$ 时,只占 FM 波总功率的 6.8%,于是,分配到边频上的功率就增加了。

应当指出,调频指数 β_{FM} 的数值可以在很宽的范围内选择,通常是决定于传输信道所允许的通带宽度。同时,β_{FM} 在 FM 中不仅影响载频分量和边频分量的幅度(或功率),而且直接与调频波的频谱结构和频带宽度有关。

3.4.5 任意信号的频率调制

对于任意调制信号 $m(t)$,可由类似单频信号的方法推出 FM 信号的带宽。设 $\Delta\omega_{FM}$ 为任意调制信号 $m(t)$ 的 FM 波的最大频率偏移,ω_m 为 $m(t)$ 的最高角频率,则其频率偏移为:

$$D_{FM} = \frac{\Delta\omega_{FM}}{\omega_m} \tag{3.106}$$

式中,$\Delta\omega_{FM} = K_{FM}|m(t)|_{max}$。

FM 信号的带宽可用卡森公式来计算,即

$$W_{FM} \approx 2(D_{FM}+1)\omega_m \tag{3.107}$$

实际应用表明,由上式估计的带宽一般偏窄。当 $D_{FM}>2$ 时,用下式计算得到的频带宽度会更好一些,即

$$W_{FM} \approx 2(D_{FM}+1)\omega_m \tag{3.108}$$

3.4.6 调频信号的产生

有两类产生调频信号的基本方法:直接法和倍频法。

(1)直接法

直接法的原理如图 3.29 所示,其工作原理是用调制信号 $m(t)$ 去控制电压控制振荡器(VOC)的输出频率,得到所需要的频率变化。其优点是可以得到很大的频偏,其缺点是电压控制振荡器的频率稳定度不会很高,载频会发生偏移,需要附加的自动频率控制系统来稳定中心频率。

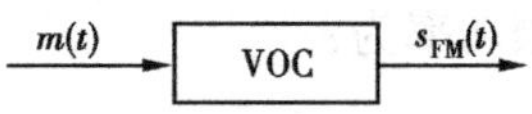

图 3.29 直接法产生调频信号原理图

(2)倍频法

倍频法由积分器、窄带调相器和倍频器组成。先由积分器和窄带调相器产生一窄带调频信号,然后,再用倍频器将窄带调频信号变换为宽带调频信号。

前面已推导出,窄带频率调制的近似表达式(3.87)为:

$$s_{NBFM}(t) \approx A_0\cos\omega_c t - \left[A_0 K_{FM}\int_{-\infty}^{t} m(\tau)\mathrm{d}\tau\right]\sin\omega_c t$$

由式(3.87),可得如图 3.30 所示的倍频法产生调频信号的原理图。

图 3.30 中的倍频器可用平方律器件实现。设平方律器件的输入为 $v_i(t)$,输出为 $v_o(t)$,如果

$$v_i(t) = \cos[\omega t + \phi(t)]$$

则有:

$$v_o(t) = \{\cos(\omega t + \phi(t))\}^2 = \frac{1}{2} + \frac{1}{2}\cos[2\omega t + 2\phi(t)]$$

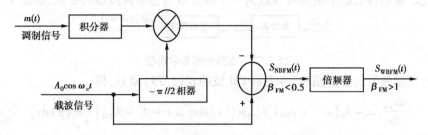

图 3.30　倍频法产生调频信号原理图

由上式可见,在输出信号中出现了频率为输入信号频率 2 倍的项,即倍频项。

如果采用 n 次方律器件,则可得到频率为输入信号频率 n 倍的信号。

3.4.7　调频信号的解调

调频信号的解调与线性调制信号的解调一样,也可分为相干解调和非相干解调。但是,在 FM 信号的解调中,相干解调只适用于窄带 FM 信号,而非相干解调不仅适用于窄带 FM 信号,还适用于宽带 FM 信号。

(1)窄带调频信号的相干解调

由式(3.87)可看出,窄带调频信号可分为同相分量(含 $\cos\omega_c t$ 项)与正交分量(含 $\sin\omega_c t$ 项)之和,因而可用相干解调法来进行解调,其方框图如图 3.31 所示。

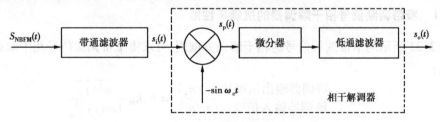

图 3.31　窄带调频信号的相干解调方框图

图中的带通滤波器在限制信道所引入的噪声的同时,应能让调频信号正常通过。因而可设

$$s_i(t) = A_0\cos\omega_c t - \left[A_0 K_{FM}\int_{-\infty}^{t} m(\tau)\,d\tau\right]\sin\omega_c t \tag{3.109}$$

由图 3.31 可得,微分器的输入为:

$$s_p(t) = -\frac{A_0}{2}\sin 2\omega_c t + \frac{1}{2}\left[A_0 K_{FM}\int_{-\infty}^{t} m(\tau)\,d\tau\right](1 - \cos 2\omega_c t) \tag{3.110}$$

经微分及低通滤波后可得:

$$s_o(t) = \frac{A_0 K_{FM}}{2}m(t) \tag{3.111}$$

因此,相干解调器的输出正比于调制信号 $m(t)$。必须指出,NBFM 信号相干解调所用的参考载波与发送载波必须同频,相位正交,否则,会带来同步误差,降低解调质量。

(2)调频信号的非相干解调

FM 信号的非相干解调主要由鉴频器来完成。鉴频器的功能是把输入 FM 信号的频率变化变换成输出电压瞬时幅度的变化。即鉴频器输出电压的瞬时幅度与输入 FM 波的瞬时频率偏移成正比。鉴频器的数学模型可等效为一个微分器与包络检波器的级联,如图 3.32 所示。

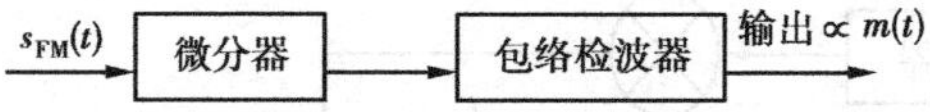

图 3.32 鉴频器的数学模型

为了说明鉴频器的工作原理,将表示 FM 波的式(3.79)微分,得

$$\frac{\mathrm{d}s_{\mathrm{FM}}}{\mathrm{d}t} = - A_0 \left[\omega_c t + \theta_0 + K_{\mathrm{FM}} m(t) \right] \sin \left[\omega_c t + \theta_0 + K_{\mathrm{FM}} \int_{-\infty}^{t} m(\tau) \mathrm{d}\tau \right] \quad (3.112)$$

可见,FM 波经微分后变成了调幅调频信号,其幅度和频率携带信息。其幅度变化为

$$A(t) = - A_0 \left[\omega_c t + \theta_0 + K_{\mathrm{FM}} m(t) \right] \quad (3.113)$$

经包络检波器取出其包络信息,并隔除直流分量后输出为:

$$s_{\mathrm{out}}(t) = - A_0 \left[K_{\mathrm{FM}} m(t) \right] \quad (3.114)$$

上式表明,非相干解调器的输出正比于调制信号 $m(t)$。

3.5 调频信号的抗噪声性能

采用与线性调制相类似的分析方法,可求得窄带调频信号相干解调的抗噪声性能和宽带调频信号非相干解的抗噪声性能。

3.5.1 窄带调频信号相干解调器的抗噪声性能

由图 3.31 所示的窄带调频信号的相干解调方框图,可求得窄带调频信号相干解调器调制度增益为:

$$G_{\mathrm{NBFM}} = \frac{解调器输出信噪比(s_o/n_o)}{解调器输入信噪比(s_i/n_i)} = 6 D_{\mathrm{FM}}^2 \frac{\overline{m^2(t)}}{\left| m(t) \right|_{\max}^2} \quad (3.115)$$

其中,D_{FM} 为式(3.106)所定义的频率偏移,即

$$D_{\mathrm{FM}} = \frac{\Delta \omega_{\mathrm{FM}}}{\omega_{\mathrm{m}}}$$

单频调制时,式(3.115)成为:

$$G_{\mathrm{NBFM}} = 3\beta_{\mathrm{FM}}^2 \quad (3.116)$$

当 $\beta_{\mathrm{FM}} = \frac{\sqrt{2}}{3} \approx 0.5$ 时,$G_{\mathrm{NBFM}} = \frac{2}{3}$。相干解调器的抗噪声性能与调幅波的相同。只有在 $\beta_{\mathrm{FM}} > 0.5$ 的宽带调频情况下,才能使信噪声比增益优于调幅。当然,这种改善是以牺牲带宽为代价的。

3.5.2　宽带调频信号非相干解调器的抗噪声性能

信道存在高斯白噪声干扰的情况下，宽带调频信号非相干解调的数学模型如图 3.33 所示。图中带通滤波器的中心频率为 ω_0，带宽为 $W_{FM} \approx 2\Delta\omega_{FM}$。低通滤波器的带宽为调制信号 $m(t)$ 的频谱宽度 ω_m。

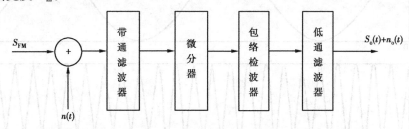

图 3.33　宽带调频信号非相干解调的数学模型

由图 3.33，可求得宽带调频信号非相干解调器调制度增益为：

$$G_{FM} = 6\left(\frac{\Delta\omega_{FM}}{\omega_m}\right)^3 \frac{\overline{m^2(t)}}{|m(t)|^2_{max}} \tag{3.117}$$

在单音调制情况下，有：

$$\overline{m^2(t)} = \frac{1}{2}|m(t)|^2_{max}$$

$$\beta_{FM} = \frac{\Delta\omega_{FM}}{\omega_M}$$

于是，式(3.117)变为：

$$G_{FM} = 3\beta^3_{FM} \tag{3.118}$$

以上表明，用非相干解调来接受宽带 FM 信号的调制度增益与最大频偏的三次方成正比（单音调制时，是与调频指数的三次方成正比），因此，可以增加 $\Delta\omega_{FM}$，以获得较高的调制度增益。但是，这种好处是用增加传输带宽来换取的。将式(3.115)与式(3.117)相比较可见，宽带调频时的信噪比得益比窄带调频时高得多。

以上对输出信噪比的计算都是假定鉴频器输入信噪比在很大的条件下进行的。如果这个条件不满足，即输入噪声功率与信号功率差不多或更大。此时，输出信噪比将急剧下降，则增加频偏不仅不会有好处，反而带来不利，这种现象称为门限效应。门限效应在线性调制信号的非相干解调中也存在，但在角度调制系统中，它却显得更为突出。可以采用锁相环鉴频器和调频负反馈鉴频器等技术来改善 FM 系统的门限效应。

3.6　调幅与调频的比较

调制信号 $m(t)$ 对载波 $c(t) = A\cos\omega_c t$ 分别进行幅度调制和频率调制的波形如图 3.34 所示。

调幅属于线性调制，调制信号的信息主要由已调信号的幅度所携带。已调信号的带宽最大为调制信号的两倍，这有利于节约系统传输带宽，提高信道利用率。主要用于模拟数据传输、无线电广播、载波电话系统及广播电视。

调频属于非线性调制,调制信号的信息主要是由载波的频率携带的。已调信号占据较宽的传输带宽,但具有较强的抗干扰能力。在带宽有富余而可靠性要求较高的情况下,可采用该种调制方式。主要用于调频广播、广播电视伴音和卫星广播电视。

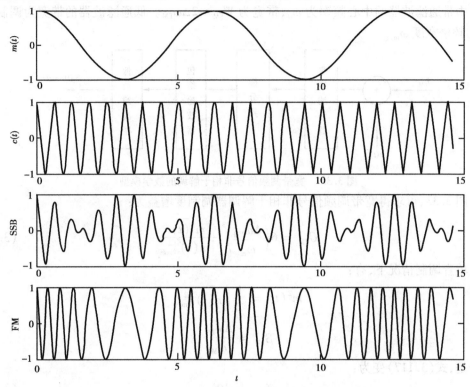

图 3.34　幅度调制和频率调制的波形

习　题

3.1　已知线性已调信号表示如下:

① $\cos\Omega t\cos\omega_c t$

② $(1-0.5\sin\Omega t)\cos\omega_c t$

式中,$\omega_c=6\Omega$,试分别画出它们的波形图和频谱图。

3.2　根据题图 3.1 所示的调制信号的波形,试画出 DSB 及 AM 信号的波形图,并比较它们分别通过包络检波器后的波形差别。

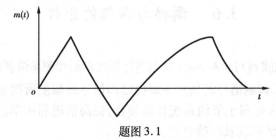

题图 3.1

3.3　已知调制信号 $m(t) = \cos(3\,000\pi t) + \cos(6\,000\pi t)$,载波为 $\cos 10^4\pi t$,进行单边带调制,试确定该单边带信号的表达式,并画出频谱图。

3.4　将调幅波通过残留边带滤波器产生残留边带信号。若此滤波器的传输函数 $H(\omega)$,如题图3.2所示(斜线为直线)。当调制信号为 $m(t) = A[\sin 100\pi t + \sin 600\pi t]$ 时,试确定所得残留边带信号的表达式。

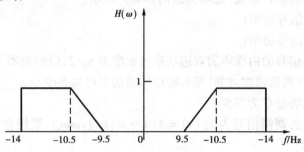

题图3.2

3.5　NBFM 信号的时域表达式如式(3.87)所示,即

$$s_{\text{NBFM}}(t) \approx A_0\cos\omega_c t - \left[A_0 K_{\text{FM}}\int_{-\infty}^{t} m(\tau)\,\mathrm{d}\tau\right]\sin\omega_c t$$

其频域表达式如式(3.88)所示,即

$$S_{\text{NBFM}}(\omega) = \pi A_0[\delta(\omega - \omega_c) + \delta(\omega + \omega_c)] + \frac{A_0\beta_{\text{FM}}}{2}\left[\frac{M(\omega - \omega_c)}{(\omega - \omega_c)} - \frac{M(\omega + \omega_c)}{(\omega + \omega_c)}\right]$$

试利用傅立叶变换中的卷积定理,由式(3.87)导出式(3.88)。

3.6　设某信道具有均匀的双边噪声功率谱密度 $P_n(f) = 1 \times 10^{-3}\,\text{W/Hz}$,在该信道中传输抑制载波的双边带信号,并设调制信号 $m(t)$ 的频带限制在5kHz,而载波为100kHz,已调信号的功率为10kW。若接收机的输入信号在加至解调器之前,先经过一理想带通滤波器滤波,试问:

①该理想带通滤波器应具有怎样的传输特性 $H(\omega)$;

②解调器输入端的信噪功率比为多少;

③解调器输出端的信噪功率比为多少;

④求解调器输出端的噪声功率谱密度,并用图形表示出来。

3.7　设某信道具有均匀的双边噪声功率谱密度 $P_n(f) = 1 \times 10^{-3}\,\text{W/Hz}$,在该信道中传输抑制载波的单边带(上边带)信号,并设调制信号 $m(t)$ 的频带限制在5kHz,而载波为100kHz,已调信号的功率为10kW。若接收机的输入信号在加至解调器之前,先经过一理想带通滤波器滤波,试问:

①该理想带通滤波器应具有怎样的传输特性 $H(\omega)$;

②解调器输入端的信噪功率比为多少;

③解调器输出端的信噪功率比为多少。

3.8　某线性调制系统的输出信噪比为30dB,输入噪声功率为 $10^{-9}\,\text{W}$。由发射机输出端到解调器输入之间总的传输损耗为100dB,试求:

①DSB/SC 时的发射机输出功率;

②SSB/SC 时的发射机输出功率。

3.9 设调制信号 $m(t)$ 的功率谱密度为：

$$P_m = \begin{cases} \dfrac{n_m}{2} \cdot \dfrac{|f|}{f_m}, & |f| \leqslant f_m \\ 0, & |f| > f_m \end{cases}$$

若用 SSB 调制方式进行传输(忽略信道的影响)，试求：

①接收机的输入信号功率；

②接收机的输出信号功率；

③若叠加于 SSB 信号的白噪声的双边功率谱密度为 $n_0/2$，设解调器的输出端接有截止频率为 f_m(单位 Hz)的理想低通滤波器，那么输出信噪功率比为多少？

④该系统的调制增益 G 为多少？

3.10 设被接收的调幅信号为 $s_m(t) = A[1 + m(t)]\cos\omega_c t$，采用包络检波法解调，其中 $m(t)$ 的功率谱密度为：

$$P_m = \begin{cases} \dfrac{n_m}{2} \cdot \dfrac{|f|}{f_m}, & |f| \leqslant f_m \\ 0, & |f| > f_m \end{cases}$$

若一双边功率谱密度为 $n_0/2$ 的噪声叠加于已调信号，试求解调器输出的信噪功率比。

3.11 设有一个频分多路复用系统，副载波用 DSB/SC 调制，主载波用 FM 调制。如果有 60 路等幅的音频输入通路，每路频带限制在 3.3kHz 以下，防护频带为 0.7kHz；

①如果最大频偏为 800kHz，试求传输信号的带宽；

②试分析与第 1 路相比时第 60 路输入信噪比降低的程度(假定鉴频器输入的噪声是白色的，且解调器中无去加重电路)。

第**4**章
数字基带传输系统

数字信号的传输方式按其在传输中把数字信号对应为哪种信号来区分,可以分为基带和频带(载波)两种方式。不使用调制和解调而直接传输数字基带信号的系统称为数字基带传输系统。例如,利用中继方式在长距离上直接传 PCM 信号(基信号)的系统属于数字基带传输系统。

本章主要介绍数字基带传输系统的结构、数字基带信号与频谱特性、基带传输的常用码型、基带脉冲传输的无失真、眼图和时域均衡。

4.1 数字基带传输系统的基本结构

数字基带传输系统的基本结构如图 4.1 所示。该结构主要由发送滤波器、传输信道、接收滤波器和识别电路组成。发送滤波器用来产生适合于信道传输的基带信号,传输信道是传输基带信号的媒质,接收滤波器用来接收信号和尽可能地排除信道噪声以及其他干扰,抽样判决器用于在噪声背景下判定与再生信号。

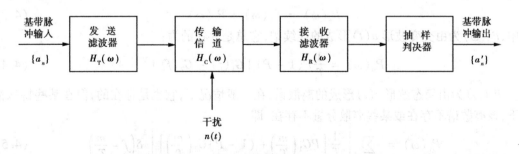

图 4.1 数字基带传输系统基本结构图

4.2　数字基带信号及其频谱特性

4.2.1　数字基带信号的波形

在数字基带传输系统中,常用的信号系统波形有:单极性波形、双极性波形、单极性归零波形、双极性归零波形、差分波形以及多电平等。根据需要组成基带信号的单个码元波形可以是矩形、升余弦形、高斯形以及半余弦脉冲等。

令 $g_1(t)$ 代表二进制符号的"0", $g_2(t)$ 代表二进制符号的"1",码元的间隔为 T_s,则数字基带信号可表示为:

$$s(t) = \sum_{n=-\infty}^{\infty} a_n g(t - nT_s) \tag{4.1}$$

式中, a_n 为第 n 个信息符号所对应的电平值(0、1 或 ±1 等);

$$g(t - nT_s) = \begin{cases} g_1(t - nT_s) & \text{(出现符号"0"时)} \\ g_2(t - nT_s) & \text{(出现符号"1"时)} \end{cases}$$

由于 a_n 代表信息符号,它是以某种概率出现的,因此,实际中遇到的基带信号通常是一个随机的脉冲序列。

4.2.2　数字基带信号的频谱特性

为了简化分析,可将二进制的随机脉冲序列 $s(t)$ 的波形分解为稳态成分 $v(t)$ 和交变成分 $u(t)$,则

$$s(t) = \sum_{n=-\infty}^{\infty} s_n(t) = u(t) + v(t) \tag{4.2}$$

式中, $v(t)$ 是以 T_s 为周期的周期信号。

设出现符号"0"的概率为 P,出现符号"1"的概率为 $1-P$,则 $s(t)$ 的功率谱密度可以表示为:

$$P_s(\omega) = P_u(\omega) + P_v(\omega) \tag{4.3}$$

式中, $P_u(\omega)$ 为由交变波形 $u(t)$ 形成的连续谱,它总是存在的为:

$$P_u(\omega) = \frac{1}{T_s} P(1-P) |G_1(f) - G_2(f)|^2 \tag{4.4}$$

$P_v(\omega)$ 为由稳态波形 $v(t)$ 形成的离散谱,在一般情况下,它也是存在的,但在某些特殊情况下,该离散谱不存在或某些离散分量不存在,即

$$P_v(\omega) = \sum_{m=-\infty}^{\infty} \left| \frac{1}{T_s}\left[PG_1\left(\frac{m}{T_s}\right) + (1-P)G_2\left(\frac{m}{T_s}\right) \right] \right|^2 \delta\left(f - \frac{m}{T_s}\right) \tag{4.5}$$

式(4.4)和式(4.5)中, $G_1(f)$ 和 $G_2(f)$ 分别是 $g_1(t)$ 和 $g_2(t)$ 的傅立叶变换, $f_s = 1/T_s$。

4.3 数字基带信号的常用码

由于原始的基带数字信号常含有丰富的直流和低频成分,不便于提取同步信号,易于形成码间串扰等,因而不适于在信道上直接传输。需要将原始的基带数字信号转换成适于在信道上传输的传输码(或线路码)。

在设计数字基带传输码型时,应综合考虑以下几点:

①码型中无直流成分或只有很少的低频成分;

②码型中应含有定时信息,以便于定时提取;

③码型编/译码的过程应不受信息源统计特性的影响,即能适应信息源的变化;

④尽可能地提高线路传输码的传输效率;

⑤码型具有内在的检误能力;

⑥码型变换设备简单可靠。

能满足或部分满足以上条件的传输码型有很多种,本章主要介绍几种常用的二元码、1B2B 码和三元码。

常用的线路传输码有:单极性非归零码 NRZ(L)、双极性非归零码 NRZ(L)、单极性归零码 RZ(L)、传号差分码 NRZ(M)、空号差分码 NRZ(S)、数字双相码、条件双相码(CDP)码、传号反转码(CMI 码)、密勒码、5B6B 码等。

4.3.1 几种常用的二元码

最简单的二元码中基带信号的波形为矩形,幅度取值只有两种电平。现以二进制信码"11101001000110"为例,介绍常用二元码的波形。

二进制信号"11101001000110"的单极性非归零码 NRZ(L)、双极性非归零码 NRZ(L)、单极性归零码 RZ(L)及差分码的波形如图 4.2 所示。它们的波形为矩形,幅度只取两种电平值,属于二元码。

(1)单极性非归零码

在这种码中,用正电平和零电平分别表示二进制信息"1"和"0",在整个码元区间电平保持不变。这种常记为 NRZ(L),波形如图 4.2(a)所示。

(2)双极性非归零码

在这种码中,用正电平和负电平分别表示二进制信息"1"和"0",与单极性非归零码相同,在整个码元区间电平保持不变。这种码常记为 NRZ(L),波形如图 4.2(b)所示。

(3)单极性归零码

这种码在发送"1"时,高电平只占整个码元期间的一段时间,在码元的其余时间内,电平返回到零电平。在发送"0"的整个码元期间内,电平保持零电平。这种码常记为 RZ(L),波形如图 4.2(c)所示。

上述三种码是最简单的二元码,其功率谱中含有丰富的低频成分仍至直流分量。当信息中包含长串的连续"1"或"0"时,两种非归零码呈现固定的电平,没有电平的跳变发生,因而无法提取位定时信息。对于单极性归零码,当信息中包含长串的连续"0"时,也存在同样问题。

另外,它们不具有检测错误信号的能力。因此,它们通常只用于机内或近距离的信息传输。

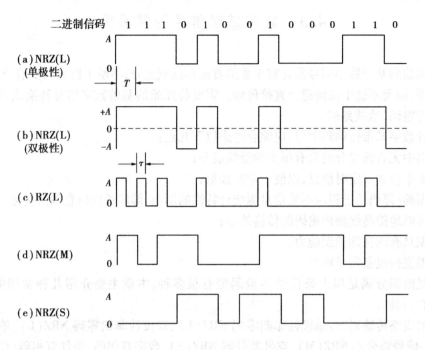

图 4.2　几种常用二元码的波形

(a)单极性非归零码 NRZ(L);(b)双极性非归零码 NRZ(L);(c)单极性归零码 RZ(L);
(d)单极性传号差分码;(e)单级性传号差分码

(4)单极性传号差分码

在这种码中,"1"用电平跳变表示,而"0"用无电平跳变表示。这种码常记为 NRZ(M),波形如图 4.2(d)所示。

(5)单极性号空号差分码

在这种码中,"0"用电平跳变表示,而"1"用无电平跳变表示。这种码常记为 NRZ(S),波形如图 4.2(e)所示。

差分码并未解决单极性非归零码、双极性非归零码及单极性归零码存在的问题。但由于它的电平与信号"1"、"0"之间不存在绝对的对应关系,而是用电平的相对变化来传输信息。因此,它可以用来解决相位键控信号同步解调时因接收端本地载波相位倒置而引起的信息"1","0"倒换问题,所以得到广泛的应用。由于差分码中电平只具有相对意义,因而又称为相对码。

4.3.2　几种常用的 1B2B 码

二进制信码"11101001"的数字双相码、条件双相码、传号反转码及密勒码的波形如图 4.3 所示。在这几种码中,原始的二元信息在编码后都用一组两位的二元码来表示,因而又称为 1B2B 码。

(1)数字双相码

数字双相码(Digital Diphase)又称为分相码(Biphase,Split-phase)或曼彻斯特码(Manetuter)。它用一个周期的方波(01 或 10)表示二进制信码"1",而用它的反相波形(10 或 01)表示二进制信码"0"。数字双相码可以用单极性非归零码 NRZ(L)与定时信号的模二和来产生。这种码可能因极性反转而引起译码错误。波形如图 4.3(a)所示。

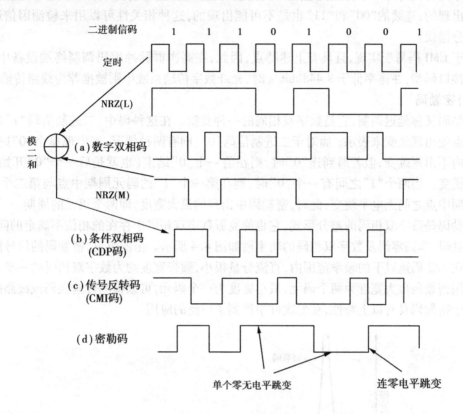

图 4.3　1B2B 码的波形

(2)条件双相码

在条件双相码(CDP 码)中,相邻周期的方波如果同相则代表二进制信码"1",反相表示二进制信码"0"。即如果码形不发生跳变,则表示二进制信码"1";反之,表示二进制信码"0"。它能解决因极性反转而引起的译码错误。可以将差分码 NRZ(M)与定时信号的模二和来产生这种码形,如图 4.3(b)所示。

由于以上两种双相码在每个码元间隔的中心部分都存在电平跳变,因此,在频谱中存在很强的定时分量,它不受信源统计特性的影响。此外,由于方波周期内正、负电平各占一半,因而不存在直流分量。但由于这种码采用正(或负)跳变来提取位定时信号,因而得到的定时信号存在相位不确定的问题。

双相码适用于数据终端设备在短距离上的传输。如由 Xerox、DEC 和 Intei 公司共同开发的"以太"本地数据网(Ethernet)中就采用数字双相码作为线路传输码型。

(3)传号反转码

传号反转编码(CMI 码)与数字双相码类似,也是一种二电平非归零码,它已纳入 CCITT 建议,作为脉冲编码调制四次群的接口码型。在这种码中,"1"(传号)交替地用确定相位的一个周期方波来表示,即二进制信码"1"用交替的"00"和"11"两位码组表示,而"0"(空号)固定地用"01"表示。它也没有直流分量,却有频繁出现的波形跳变,便于恢复定时信号。这种码用负跳变直接提取位定时信号,不会产生相位不确定问题。波形如图4.3(c)所示。

传号反转码的另一个特点是它有检测错误的能力,在正常情况下,"10"是不可能在一个码元中出现的,连续的"00"和"11"也是不可能出现的,这种相关性可以用来检测因信道而产生的部分错误。

由于 CMI 码易于实现,且具有上述特点,因此,在高次群脉冲编码调制终端设备中,广泛地用做接口码型,在速率低于 8 448kbit/s 时,光纤数字传输系统中则被推荐为线路传输码型。

(4)密勒码

密勒码又称延迟调制,它是数字双相码的一种变型。在这种码中,二进制信号"1"用码元周期中点处出现跳变来表示。而对于二进制信号"0",则有两种情况:当出现单个"0"时,在码元周期内不出现跳变;但若遇到连"0"时,则在前一个"0"结束(也就是后一个"0"开始)时出现电平跳变。当两个"1"之间有一个"0"时,则在第一个"1"的码元周期中点与第二个"1"的码元周期中点之间无电平跳变,此时,密勒码中出现的最大宽度,即两个码元的周期。

密勒码是数字双相码的差分形式,它也能克服数字双相码中存在的相位不确定的问题。

密勒码、非归零码及数字双相码的功率谱如图4.4所示。由图可见,密勒码的信号能量主要集中在 1/2 码速以下的频率范围内,直流分量很小,频带宽度约为数字双相码的一半。

利用密勒码最大宽度为两个码元,最小宽度为一个码元,可以检测传输误码或线路故障。

由于密勒码具有以上特性,在低次群中得到了广泛的应用。

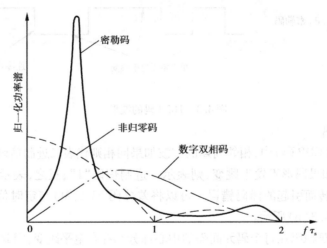

图 4.4 密勒码、非归零码及数字双相码的功率谱

4.3.3 5B6B 码

以上提到的1B2B类二元码,由于频带利用率太低,在三次群或四次群时,已不再适用。综合考虑频带利用率和设备复杂性等因素,在高速光纤数字通信系统中,常采用5B6B 码。在5B6B 码中,每5位二元码被编码成一个6位二元码输出。它虽然增加了 20%的码速,但却换取了便于提取定时、低频分量小、可实时监测、迅速同步等优点。

由于 5 位二元码组只有 32 种组合,而 6 位二元码组有 64 种组合,因此,可以充分利用这种冗余度来实现线路传输码应当具有的特性。表 4.1 表示了一种常用的 5B6B 编码表。

表 4.1　5B6B 编码

输入二元码组	输出二元码组			
	正模式	数字和	负模式	数字和
00000	110010	0	110010	0
00001	110011	+2	100001	−2
00010	110110	+2	100010	−2
00011	100011	0	100011	0
00100	110101	+2	100100	−2
00101	100101	0	100101	0
00110	100110	0	100110	0
00111	100111	+2	000111	0
01000	101011	+2	101000	−2
01001	101001	0	101001	0
01010	101010	0	101010	0
01011	001011	0	001011	0
01100	101100	0	101100	0
01101	101101	+2	000101	−2
01110	101110	+2	000110	−2
01111	001110	0	001110	0
10000	110001	0	110001	0
10001	111001	+2	010001	−2
10010	111010	+2	010010	−2
10011	010011	0	010011	0
10100	110100	0	110100	0
10101	010101	0	010101	0
10110	010110	0	010110	0
10111	010111	+2	010100	−2
11000	111000	0	011000	−2
11001	011001	0	011001	0
11010	011010	0	011010	0
11011	011011	+2	001010	−2
11100	011100	0	011100	0
11101	011101	+2	001001	−2
11110	011110	+2	001100	−2
11111	001101	0	001101	0

按表 4.1 所得的 5B6B 码,有如下特点:

①最大连"0"或连"1"长度为 5。

②相邻码元由"1"变"0",或由"0"变"1"的转移概率为 0.591 5。

③误码扩散系数(单个传输误码在接收端译码后所产生的误码数),最大值为 5,平均值为 1.281。

④累计数字和在 -3 ~ +3 范围内变化,即数字和的变差值为 6,利用这一点可以在正常工作状态下进行误码监测。

⑤在每个输出码组结束时,累计数字和不可能为 +1 或 -1,只有 0、+2 和 -2。这一特性可以用来建立分组同步。若分组同步没能正确实现,使输出码组被错误地划分,则每个输出码组结束时的累计数字和可能出现的" +1"和" -10"多次出现错误的数字和时,分组同步位置移动一位,以搜索新的位置。平均来说,经过三次移位即可建立正确的分组同步。

4.3.4 几种常用的三元码

在三元码数字基带信号中,信号幅度取值有三个: +1、0、-1。由于实现时并不是将二进制变为三进制,而是某种特定取代,因此又称为准三元码或伪三元码。三元码种类很多,广泛地用做脉冲编码调制的线路传输码型。本部分主要介绍 AMI 码和 HDB3 码。

二进制信息"10110000000110000001"的 AMI 码和 HDB3 码的波形如图 4.5 所示。

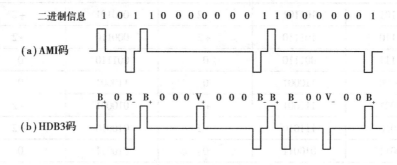

图 4.5　AMI 和 HDB3 码的波形

AMI 码、HDB3 码及二元非归零码的功率谱如图 4.6 所示,图中 f_τ 码速率。

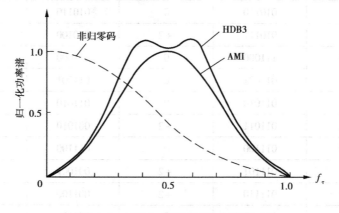

图 4.6　AMI 和 HDB3 码的功率谱

（1）AMI 码

AMI 码称为传号交替反转码,波形如图 4.5（a）所示。在这种码中,二进制信息"0"变换为三元码序列中的"0",二进制信息"1"则交替地变换为"+1"和"-1"的归零码。通常脉冲宽度为码元周期的一半。当二进制信息序列为"100100011101"时,AMI 码为"+100-1000 +1 -1+10-1"。

这种码交替出现正、负脉冲,所以,在功率谱中无直流分量,低频分量也较小,能量集中在频率为 1/2 码速之处,如图 4.6 所示。

AMI 码具有检错能力,如在传输过程中因传号极性交替规律受到破坏而出现误码,则在接收端很容易发现这种错误。

但这种码不能解决信码中经常出现的长连"0"问题,因此,CCITT 规定在使用 AMI 码的同时,加传定时信号。

（2）HDB3 码

HDBn 码是 n 阶高密度双极性码的缩写。在 HDBn 码中,信息"1"也交替地变换 +1 和 -1 的半占空归零码。但与 AMI 码不同的是:HDBn 码中的连"0"数被限制为小于或等于 n。当信息中出现（n+1）个连"0"码时,就用特定码组来取代,这种特定码组称为取代节。为了在接收端识别出取代节,人为地在取代节中设置"破坏点",在这些"破坏点"处传号极性交替规律受到破坏。

HDBn 码有两种取代节:

$$\underset{n+1\text{位}}{\underline{B0\cdots0V}} \quad 和 \quad \underset{n+1\text{位}}{\underline{00\cdots0V}}$$

每当遇到（n+1）个连"0"就用两个取代节之一取代,其中 B 表示符合极性交替规律的传号,V 表示破坏极性交替规律的传号（破坏点）。这两种取代节的选取原则是:使任意两个相邻 V 脉冲间的 B 脉冲数目为奇数。即当相邻 V 间 B 的个数为奇数时,则用"000V"取代,为偶数个时,就用"B00V"取代。这样,相邻 V 脉冲的极性也满足交替规律,因而整个信号仍保持无直流分量。

HDBn 码中应用最广泛的是 3 阶高密度双极性码,即 HDB3 码,波形如图 4.5（b）所示。HDB3 码是四连"0"取代码,在这种码中,每当出现 4 个连"0"码时,就用取代节 B00V 或 000V 代替。根据上述替代原则,可得到表 4.2 所示的结果。

表 4.2 HDB3 码编码替代原则

前一破坏点 V 的极性	+	+	+	-
4 连"0"码前一脉冲的极性	+	-	-	+
取代节码组	B_00V_	B_+00V_+	000V_	000V_+
	B00V		000V	

在表 4.2 中,B_+ 和 V_+ 表示信号幅度取 +1,而 B_- 和 V_- 表示信号幅度取 -1。由表可见,对同一二进制信息序列,HBD3 码不是惟一的,它与出现 4 连"0"码之前的状态有关。例如,一二进制信息序列前一破坏点为 V_-,该破坏点到该序列之间有偶数个 B,该序列前一个 B 为负,则该序列的 HDB3 码如表 4.3 所示。

表4.3　HDB3 码编码表

二进制信息	1	0	1	1	0	0	0	0	0	0	0	0	1	1	0	0	0	0
HDB3 码	B_+	0	B_-	B_+	0	0	0	V_+	0	0	0	B_-	B_+	B_-	0	0	V_-	

对同一序列,如前一破坏点为 V_+,该破坏点到该序列之间有奇数个B,该序列前一个B为负,则该序列的 HDB3 码如表4.4所示。

表4.4　HDB3 码编码表

二进制信息	1	0	1	1	0	0	0	0	0	0	0	0	1	1	0	0	0	0
HDB3 码	B_+	0	B_-	B_+	B_-	0	0	V_-	0	0	0	B_+	B_-	B_+	0	0	V_+	

HDB3 码除了保持 AMI 码的优点外,还增加了使连"0"串减少到至多3个的优点,而不管信息源的统计特性如何。这对于定时信号的提取是十分有利的。

虽然 HDB3 码的编码规则比较复杂,但译码却比较简单。从上述原理看出,每一个破坏点 V 总是与前一非零符号(包括 V 和 B)同极性。从收到的符号序列中,可以容易地找到破坏点 V,于是,也就断定 V 符号及其前面的 3 个符号必是连"0"符号,从而恢复 4 个连"0"码,再将所有 -1 变成 $+1$ 后,便得到原消息代码。HDB3 码是 CCITT 推荐使用的线路码之一。

4.4　基带脉冲传输与码间干扰

基带传输系统模型如图4.7所示。

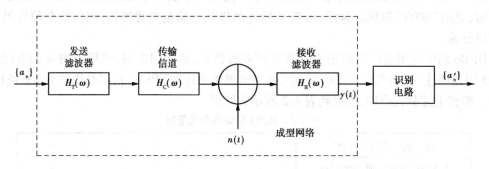

图 4.7　基带传输系统模型

在图 4.7 中,$H_T(\omega)$、$H_C(\omega)$ 和 $H_R(\omega)$ 分别为发送滤波器、传输信道和接收滤波器的传输特性,$\{a_n\}$ 为发送滤波器的输入符号序列。在二进制情况下,符号 a_n 的取值为 0,1 或 $+1$,-1。此序列对应的基带信号为:

$$s(t) = \sum_{n=-\infty}^{\infty} a_n \delta(t - nT_s) \tag{4.6}$$

$s(t)$ 激励发送滤波器 $H_T(\omega)$ 产生的信号为:

$$p_s(t) = \sum_{n=-\infty}^{\infty} a_n h_T(t - nT_s) \tag{4.7}$$

式中，$h_T(t)$ 是发送滤波器的冲激响应，即

$$h_T(t) = \frac{1}{2\pi}\int H_T(\omega) \mathrm{e}^{\mathrm{j}\omega t}\mathrm{d}\omega$$

在图 4.7 中，如将发送滤波器、信道及接收滤波器组成的部分视为一成型网络，设该成型网络的传输特性为 $H(\omega)$，则由图 4.7 可得：

$$H(\omega) = H_T(\omega)H_C(\omega)H_R(\omega) \tag{4.8}$$

数字基带传输系统可等效为图 4.8 所示的等效成型网络的基带传输系统模型。

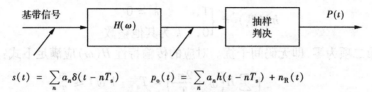

$$s(t) = \sum_n a_n\delta(t - nT_s) \qquad p_o(t) = \sum_n a_n h(t - nT_s) + n_R(t)$$

图 4.8　等效成型网络的基带传输系统模型

则接收滤波器的输出信号 $p_o(t)$ 可表示为：

$$p_o(t) = p_s(t) \cdot h(t) + n_R(t) = \sum_{n = -\infty}^{\infty} a_n h(t - nT_s) + n_R(t) \tag{4.9}$$

式中，$h(t)$ 是 $H(\omega)$ 的傅立叶反变换，即成型网络的冲激响应；$n_R(t)$ 是噪声 $n(t)$ 通过接收滤波器后的波形。

在抽样判决时刻 $(kT_s + t_0)$，$p_o(t)$ 的值可以表示为：

$$p_o(kT_s + t_0) = a_k h(t_0) + \sum_{n \neq k} a_n h[(k - n)T_s + t_0] + n_R(kT_s + t_0) \tag{4.10}$$

式中，右边第一项 $a_k h(t_0)$ 是第 k 个接收波形在抽样时刻上的取值，它是确定信息的依据；第二项 $\sum\limits_{n \neq k} a_n h[(k - n)T_s + t_0]$ 是接收信号中除第 k 个接收波形以外的所有其他接收波形在第 k 个抽样时刻上的代数和，称为码间干扰值，码间干扰的波形如图 4.9 所示；第三项 $n_R(kT_s + t_0)$ 是一种随机噪声的干扰。

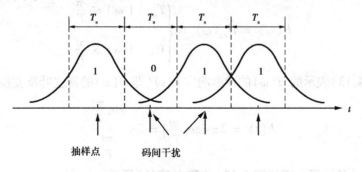

图 4.9　码间干扰的波形

由此可见，为使基带传输获得足够小的误码率，必须最大限度地减少码间干扰和随机噪声的影响。

4.5 无码间干扰的基带传输特性

4.5.1 奈奎斯特第一准则

如果 $h(t)$ 在抽样时刻 kT_s 满足以下关系：

$$h(kT_s) = \begin{cases} 1, & k = 0 \\ 0, & k \text{ 为其他整数} \end{cases} \tag{4.11}$$

则式(4.10)的第二项为零,即无码间干扰。对应的传输特性 $H(\omega)$ 应满足下式：

$$H_{eq}(\omega) = \begin{cases} \sum_i H\left(\omega + \dfrac{2\pi i}{T_s}\right) = T_s, & |\omega| \leqslant \dfrac{\pi}{T_s} \\ 0, & |\omega| > \dfrac{\pi}{T_s} \end{cases} \tag{4.12}$$

基带系统的 $H(\omega)$ 凡是能满足式(4.12)的,均可消除码间干扰。这就为检验一个给定的系统特性 $H(\omega)$ 是否会引起码间干扰提供了一条准则。由于该准则是奈奎斯特(Nyquist)提出的,故将它称为奈奎斯特第一准则。

式(4.12)中的 $\sum_i H\left(\omega + \dfrac{2\pi i}{T_s}\right)$ 是 $H(\omega)$ 移位 $\dfrac{2\pi i}{T_s}$ $(i = 0,\ \pm1,\ \pm2,\cdots)$ 再相加形成的,因而检查式(4.12)成立与否,只要检查 $H(\omega)$ 在区间 $(-\pi/T_s, \pi/T_s)$ 上能否叠加出一根水平线(即为常数)。能满足这一条件的波形不是惟一的,可根据其他因素加以选择。

4.5.2 理想低通滤波器

容易想到并可以验证能满足式(4.12)的一种 $H(\omega)$ 是理想滤波器。

$$H(\omega) = H_{eq}(\omega) = \begin{cases} T_s, & |\omega| \leqslant \dfrac{\pi}{T_s} \\ 0, & |\omega| > \dfrac{\pi}{T_s} \end{cases} \tag{4.13}$$

对应于式(4.13)表示的 $H(\omega)$ 的冲激响应 $h(t)$ (即 $H(\omega)$ 的傅立叶反变换)为：

$$h(t) = 2\pi \mathrm{sinc}\left(\frac{\pi t}{T_s}\right) = 2\pi \frac{\sin \dfrac{\pi t}{T_s}}{\dfrac{\pi t}{T_s}} \tag{4.14}$$

$h(t)$ 和 $H(\omega)$ 的波形分别如图4.10(a)和4.10(b)所示。

由图4.10可见,$h(t)$ 具有很长的拖尾,但其幅度逐渐衰减且具有很多零点。理想滤波器的第一个零点出现在 $t = T_s$ 处,以后的各零点的间隔都是 T_s,可以用这些波形的零点来传输数字信号。

如果各信号码元的间隔为 T_s,在每 T_s 处逐点进行抽样判决,则可正确区分各信号系统码元。因此,每秒内能传输信号码元的最大数目,即码元传输速率 R_B 为：

$$R_B = 1/T_s \quad (\mathrm{Bd}) \tag{4.15}$$

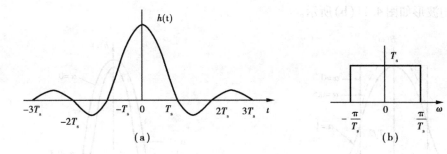

图4.10

理想低通滤波器的带宽 B（截止频率），也是基带传输系统的通带宽度（奈奎斯特带宽）为：

$$B = 1/(2T_s) \quad (\text{Hz}) \tag{4.16}$$

频带利用率 η_s 被定义为单位频带（Hz）每秒传送的码元数。由式（4.15）和式（4.16）可得：

$$\eta_s = R_B/B = 2 \quad (\text{Bd/Hz}) \tag{4.17}$$

对二进制数字信号，式（4.17）的单位为 $\text{bit}/(s \cdot \text{Hz})$。式（4.17）表示基带传输系统能够提供的最高频带，利用率是每赫频带内每秒传输两个码元，而不管这个码元是二元码或多元码。

若信道频带 B 已知时，数码的最高码元传输速率 η_s 被限制在最高值，即

$$R_B = 2B \quad (\text{Bd}) \tag{4.18}$$

这个速率被称为奈奎斯特速率，相应的码元宽度 $T_s = 1/2B$ 被称为奈奎斯特间隔。因而，奈奎斯特第一准则又可以表述为：当数字基带传输系统具有理想低通特性时，以其截止频率两倍的速率传输数字信号，可以消除码间干扰。

4.5.3 升余弦波形

虽然理想低通滤波器特性能够达到基带传输系统的极限性能，但是，这种特性是无法在实用系统中实现的。即便可以获得相当逼近的理想特性，而时域波形的尾巴衰减振荡幅度较大，衰减较慢，拖尾很长，因此，要求抽样点定时必须精确同步，否则，当信号速率、截止频率或抽样时刻稍有偏差，仍然会产生码间干扰。

在实际系统中，$H(\omega)$ 常采用具有升余弦特性的传输函数。具有升余弦特性的传输函数 $H(\omega)$ 的表达式为：

$$H(\omega) = \begin{cases} T_s, & |\omega| \leqslant \dfrac{\pi}{T_s}(1-\alpha) \\[2mm] \dfrac{T_s}{2}\left\{1 - \sin\left[\dfrac{T_s}{2\alpha}\left(\omega - \dfrac{\pi}{T_s}\right)\right]\right\}, & \dfrac{\pi}{T_s}(1-\alpha) \leqslant |\omega| \leqslant \dfrac{\pi}{T_s}(1+\alpha) \\[2mm] 0, & \text{其他} \end{cases} \tag{4.19}$$

$H(\omega)$ 的图形如图4.11（a）所示。对式（4.19）求傅立叶反变换可得 $H(\omega)$ 在时域上的波形 $h(t)$ 的表达式为：

$$h(t) = \text{sinc}\left(\frac{t}{T_s}\right)\frac{\cos(\alpha\pi t/T_s)}{1 - 4\alpha^2 t^2/T_s^2} \tag{4.20}$$

$h(t)$的波形如图 4.11(b)所示。

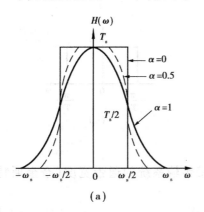 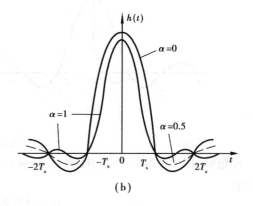

图 4.11　升余弦谱及其波形

由图 4.11(b)可见,升余弦函数的波形除在抽样点时不为零外,在其余所有抽样点上均为零值。其时域波形的"尾巴"衰减较快,可以降低对抽样定时精度的要求。式(4.19)和式(4.20)中的 α 称为滚降因子,α 越大,衰减越快,传输可靠性越高,但所需频带越宽,单位带宽可传输的信号速率越低(即频带利用率越低)。当 $\alpha = 0$ 时,升余弦特性过渡为理想低通特性。在实践中升余弦特性是容易实现的,因而得到了广泛的应用。

由式(4.19)可见,$H(\omega)$ 的传输带宽为:

$$B_\mathrm{T} = \frac{1}{2\pi} \frac{\pi}{T_s}(1 + \alpha) = \frac{1 + \alpha}{2T_s} \quad (\mathrm{Hz}) \tag{4.21}$$

而码元传输速率 R_B 为:

$$R_B = 1/T_s \quad (\mathrm{Bd}) \tag{4.22}$$

则频带利用率 η_s 为:

$$\eta_s = R_B/B = 2/(1 + \alpha) \quad (\mathrm{Bd/Hz}) \tag{4.23}$$

由式(4.23)可见,α 越大,频带利用率越低。当 $\alpha = 1$ 时,$\eta_s = 1\mathrm{Bd/Hz}$,频带利用率最低,时域上波形衰减最快,传输可靠性最高,称为全升余弦频谱。因此,传输可靠性的提高是用增加传输带宽或降低传输速率换取的。为了解决这一矛盾,可以采用部分响应波形。部分响应波形的频带利用率可以达到理论上的最大值($\eta_s = 2\mathrm{Bd/Hz}$),同时,时域上波形的"尾巴"衰减也大。

4.6　无码间干扰基带传输系统的抗干扰性能

在基带传输系统中,波形的检测并不重要,因为所传输的单个信号波形是已知的,但具体在每个码元间隔内传输的究竟是哪个信号波形却是未知的。基带信号接收机的任务就是从接收到的信号中,正确地判断每个码元间隔内被发送的是哪个波形,而波形本身的形状由于是已知的,可以正确地被恢复。基带传输系统接收信号判决过程的典型波形如图 4.12 所示。

如图 4.7 所示,基带信号通过有噪声的信道后,在接收滤波器输出端的混合信号 $y(t)$ 为:

$$y(t) = s(t) + n(t) \tag{4.24}$$

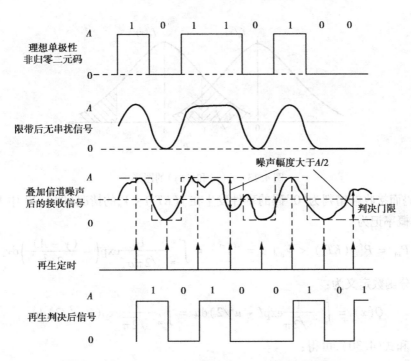

图 4.12 基带传输系统接收信号判决过程的典型波形

式中, $s(t)$ 为信号分量, $n(t)$ 为噪声分量。

在传输过程中由于受到信道噪声的干扰,会使接收端做出错误的判决。现在以二进制 PCM 系统为例来分析接收时的错误概率,即误码率。设传输的基带信号 $s(t)$ 为单极性脉冲,"0"表示无脉冲,"1"表示幅度为 A 的脉冲。噪声干扰会使接收端出现两类可能的错误:

①当发送"1"时,在抽样时刻噪声呈现一个大的负值与信号抵消,使接收端错判为"0";

②当发送"0"时,在抽样时刻噪声幅度超过判决门限,使接收端错判为"1"。

为了计算接收机的误码率,必须计算出两类错误分别产生的误码率。为此,假设信道噪声 $n(t)$ 为平稳高斯白噪声,其均值为零,方差为 σ_n^2 ,则其概率密度函数为:

$$f(n) = \frac{1}{\sqrt{2\pi}\sigma_n}\exp\left(-\frac{n^2}{2\sigma_n^2}\right) \tag{4.25}$$

在取样时刻, $t = KT_s$,根据无码间干扰的假设,当发送"0"时,接收端收到的信号等于噪声,即 $y(KT_s) = n(KT_s)$,此时,样值 $y(KT_s)$ 的概率分布也服从高斯分布,其概率密度函数 $f_0(y)$ 为:

$$f_0(y) = \frac{1}{\sqrt{2\pi}\sigma_n}\exp\left(-\frac{y^2}{2\sigma_n^2}\right) \tag{4.26}$$

当发送"1"时,接收端收到的信号为信号与噪声之和,即

$$y(KT_s) = s(KT_s) + n(KT_s) = A + n(t) \tag{4.27}$$

此时,样值 $y(KT_s)$ 的概率分布是均值为 A 的高斯分布,其概率密度函数 $f_1(y)$ 为:

$$f_1(y) = \frac{1}{\sqrt{2\pi}\sigma_n}\exp\left(-\frac{(y-A)^2}{2\sigma_n^2}\right) \tag{4.28}$$

$f_0(y)$ 和 $f_1(y)$ 的图形如图 4.13 所示,图中, V_d 是门限电平,可根据具体情况取值。

下面计算传输误码率:

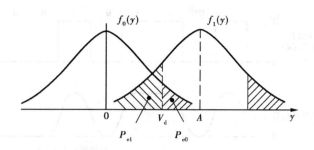

图 4.13 $f_0(y)$ 和 $f_1(y)$ 的图形

发"1"码而接收端错判为"0"码的事件发生在 $y(KT_s) < V_d$ 的情况(图 4.13 中 V_d 左边的阴影部分),其概率记为:

$$P_{e1} = P[y(KT_s) < V_d \mid s = \text{"}1\text{"}] = \int_{-\infty}^{V_d} \frac{1}{\sqrt{2\pi}\sigma_n} \exp\left(-\frac{(y-A)^2}{2\sigma_n^2}\right) dy \qquad (4.29)$$

概率积分函数定义为:

$$Q(x) = \int_x^\infty \frac{1}{\sqrt{2\pi}} \exp(-u^2/2) du = \int_{-\infty}^{-x} \frac{1}{\sqrt{2\pi}} \exp(-u^2/2) du \qquad (4.30)$$

由式(4.29)和式(4.30),可得:

$$P_{e1} = Q\left(\frac{A-V_d}{\sigma_n}\right) \qquad (4.31)$$

同理,发"0"码而接收端错判为"1"码的事件发生在 $y(KT_s) > V_d$ 的情况(图 4.13 中 V_d 右边的阴影部分),其概率记为:

$$P_{e0} = P[y(KT_s) > V_d \mid s = \text{"}0\text{"}]$$

$$= \int_{V_d}^\infty \frac{1}{\sqrt{2\pi}\sigma_n} \exp\left(-\frac{y^2}{2\sigma_n^2}\right) dy = Q(V_d/\sigma_n) \qquad (4.32)$$

设 $s(t)$ 在取样时刻样值为"0"的概率是 P_0,样值为"1"的概率是 P_1,则平均误码率 P_e 为:

$$P_e = P_0 P_{e0} + P_1 P_{e1} \qquad (4.33)$$

为使 P_e 最小,令

$$\frac{dP_e}{dV_d} = 0$$

可求得最佳电平为:

$$V_d^* = \frac{\sigma_n^2}{2A} \ln \frac{P_0}{P_1} + \frac{A}{2} \qquad (4.34)$$

当"0"和"1"的概率相等,即 $P_0 = P_e = 0.5$ 时,有:

$$V_d^* = A/2 \qquad (4.35)$$

这表明,若发送"0"和"1"的概率相等,接收机判决门限设在两个传送电平的算术平均值处可使平均误码率 P_e 为最小。对于"0"和"A"两种电平,判决门限应设为 $A/2$。

由式(4.31)、式(4.32)、式(4.33)、式(4.34)及式(4.35),可得:

$$P_e = Q\left(\frac{A}{2\sigma_n}\right) \qquad (4.36)$$

因为信号样值的平均功率为:

$$S = \frac{A^2}{2} \tag{4.37}$$

噪声样值的平均功率为：

$$N = \sigma_n^2 \tag{4.38}$$

由式(4.45)、式(4.46)及式(4.47)可得：

$$P_e = Q\left(\sqrt{\frac{S}{2N}}\right) \tag{4.39}$$

设双极性二元码的信号样值幅度分别为A(对应于"1"码)和$-A$(对应于"0"码)。发"1"码和"0"码的概率分别为P_0和P_e。同样方法,可推导出双极性二元码的传输误码率。此时,最佳门限电平V_d为：

$$V_d^* = \frac{\sigma_n^2}{2A}\ln\frac{P_0}{P_1} \tag{4.40}$$

当$P_0 = P_e = 0.5$时,按以上同样方法可求得：

$$V_d^* = 0 \tag{4.41}$$

此时,平均误码率P_e为：

$$P_e = Q\left(\frac{A}{\sigma_n}\right) \tag{4.42}$$

信号样值的平均功率为：

$$S = \left[A^2 + (-A)^2\right] = A^2 \tag{4.43}$$

噪声样值的平均功率为：

$$N = \sigma_n^2 \tag{4.44}$$

由式(4.42)、式(4.43)及式(4.44),可得：

$$P_e = Q\left(\sqrt{\frac{S}{N}}\right) \tag{4.45}$$

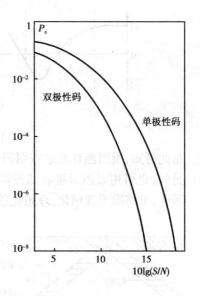

图4.14　二元码的特性曲线图

根据式(4.39)和式(4.45),可得出单极性和双极性二元码的平均传输误码率P_e与信噪比S/N的特性曲线如图4.14所示。由图可见,当信噪比S/N相同时,双极性二元码的平均传输误码率P_e优于单极性码。由式(4.39)和式(4.42)可见,在P_e相同时,要求单极性码的平均功率是双极性码的2倍。另外,从最佳门限电平V_d^*看,在等概率条件下,双极性传输时,$V_d^* = 0$,电路也容易实现。

4.7　眼图与均衡

4.7.1　眼图

在实际工程维护和系统测试中,由于部件调试不理想或信道特性发生变化,都可能使系统性能变坏。除了用专门精密仪器进行测试和调整的办法以外,大量的维护工作希望用简单的方法和通过仪器也能宏观监测系统的性能,其中一个有用的实验方法是观察眼图。

具体做法是:把待测的基带信号加到示波器的垂直轴输入端,同时把位定时脉冲加到外同步输入端,使示波器水平扫描周期 T_s 严格与码元周期同步,这样在示波器屏幕上看到的图形像"眼睛"一样,故称为"眼图"。二进制信号与眼图的关系如图4.15所示。眼图是由各段码元波形叠加而成的,眼图中央的垂直线表示最佳判决时刻,位于两峰值中间的水平线是判决门限电平。在无码间干扰和噪声的理想情况下,波形无失真,如图4.15(a)所示,"眼"开启最大,如图4.15(c)所示。当有码间干扰时,波形失真,如图4.15(b)所示,"眼"部分闭合,如图4.15(d)所示。若再加上噪声的影响,则使眼图的线条变得模糊,"眼"开启小了。因此,"眼"张开的大小表示了失真的程度。

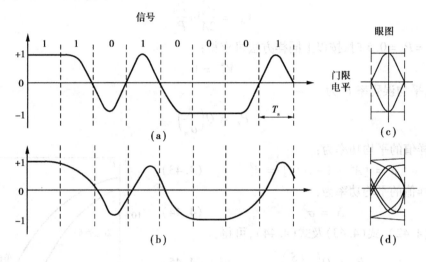

图4.15 二进制信号与眼图的关系

由此可知,眼图能直观地表明码间干扰和噪声影响,可评价一个基带传输系统性能的优劣。另外,也可用眼图对接收滤波器的特性加以调整,以减小码间干扰和改善系统的传输性能。因此,可将眼图理想化,理想化的眼图如图4.16所示。从此图可以看出:

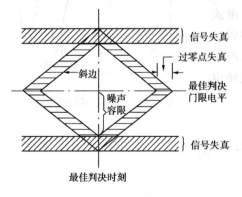

图4.16 理想化的眼图

①最佳取样时刻应选在眼图张开最大的时刻,此时,S/N 最大;

②眼图斜边的斜率反映出系统位定时误差的灵敏度,斜边越陡,对定时误差越灵敏,对定时稳准度要求越高;

③系统的噪声容限正比于眼图张开度,在取样时刻,若噪声瞬时值超过容限,就会使判决出错;

④眼图的中心横轴位置对应于最佳判决门限电平;

⑤在取样时刻,上下两个阴影区的高度称为信号失真量,它是噪声和码间干扰两个因素叠加的结果;

⑥眼图的两个斜边与横轴交点称为过零点。过零点会聚不在一点而是一个区域时,称为过零点失真,它会引起系统位定时提取电路的输出定时脉冲有相位抖动。

实际的眼图照片如图4.17所示。

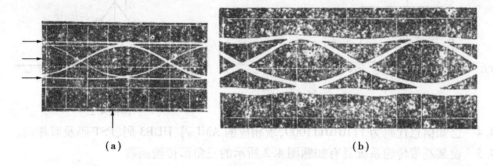

(a)　　　　　　　　　　　　　　　　　　(b)

图4.17　实际的眼图照片

4.7.2　均衡

如上所述,若信道特性 $H_c(\omega)$ 为理想信道,或 $H_c(\omega)$ 已知并且恒定,则通过精心设计发送和接收滤波器,就可以达到消除码间干扰和使噪声影响最小的目的。但是,实际信道特性既不可能完全知道,也不可能恒定不变,并且发送和接收滤波器也不可能完全实现理想的最佳特性。因此,实际系统码间干扰总是存在的。为了克服码间干扰,在接收端抽样判决之前附加一个可调滤波器,用以校正(或补偿)这些失真。这种对系统中线性失真进行校正的过程称为均衡。实现均衡的滤波器称为均衡滤波器。

均衡分为频域均衡和时域均衡。所谓频域均衡,就是使包括均衡器在内的整个系统的总传输函数满足无失真传输的条件;所谓时域均衡,则是直接从时间响应考虑,使包括均衡器在内的整个系统的冲激响应满足无码间干扰的条件。

习　题

4.1　设二进制符号序列为000101011101,试以矩形脉冲为例,分别画出相应的单极性波形、双极性波形、单极性归零波形、双极性归零波形、二进制差分波形及八电平波形。

4.2　设二进制随机脉冲序列由 $g_1(t)$ 与 $g_2(t)$ 组成,出现 $g_1(t)$ 的概率为 P ,出现 $g_2(t)$ 的概率 $(1-P)$ 。试证明:如果

$$P = \frac{1}{1 - \dfrac{g_1(t)}{g_2(t)}} = k \quad (\text{与} t \text{无关},\text{且} 0 < k < 1)$$

则脉冲序列将无离散谱。

4.3　设某双极性数字基带脉冲波形如题图4.1所示。它是一个高度为1、宽度 $\tau = \dfrac{1}{3}T_s$ 的矩形脉冲,且已知数字信息"1"出现概率为3/4,"0"出现概率为1/4。

①写出该双极性信号的功率谱密度的表达式,并画出功率谱密度图;

②由该双极性信号中能否直接提取频率为 $f_s = 1/T_s$ 的分量？若能，试计算该分量的功率。

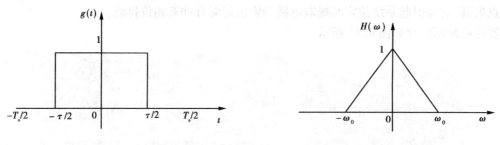

题图 4.1

题图 4.2

4.4 已知信息代码为 111010111000，求相应的 AMI 码、HDB3 码、PST 码及双相码。

4.5 设某基带传输系统具有如题图 4.2 所示的三角形传输函数。

①求该系统接收滤波器输出基本脉冲的时间表示式；

②当数字基带信号传码率 $R_B = \omega_0/\pi$ 时，用奈奎斯特准则验证该系统是否实现无码间干扰传输？

4.6 设二进制基带系统的分析模型如图 4.7 所示，已知

$$H(\omega) = \begin{cases} \tau_0(1 + \cos\omega\tau_0), & |\omega| \leqslant \dfrac{\pi}{\tau_0} \\ 0, & \text{其他} \end{cases}$$

试确定该系统最高的码元传输速率 R_B 及相应码元之间的间隔 T_s（$H(\omega)$ 的波形如题图 4.3 所示）。

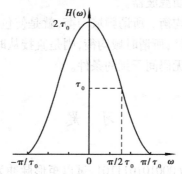

题图 4.3

第**5**章
数字调制系统

5.1 数字调制系统

上一章详细地讨论了数字调制基带传输系统,然而,实际通信中不少信道都不能直接传送基带信号。为使基带信号在带通信道中传输,必须用基带信号对载波的某些参量进行控制,使载波的这些参量随基带的变化而变化,称为调制。本章将讨论以正弦波为载波的二进制数字调制系统。

5.2 二进制数字调制原理

数字调制与模拟调制原理上是一样的,只不过模拟调制是对载波参量进行连续调制,在接收端对载波信号的调制参量进行检测;而数字调制是用载波信号的某些离散状态来表征所传送的信息,在接收端也只是对载波信号的离散调制参量进行检测。因此,数字调制信号也称为键控信号。

根据所使用的载波信号参量的不同,二进制数字调制可分为振幅键控(ASK)、频率键控(FSK)和相位键控(PSK)。根据键控信号频谱结构不同,数字调制也可分为线性调制和非线性调制。例如,振幅键控信号的频谱结构与基带信号相同,只不过是基带信号简单的频率搬移,属于线性调制。频率键控和相位键控不仅是基带信号的搬移,而是有新的频率成分出现,属非线性调制。

下面分别讨论振幅键控、频率键控和相位键控信号调制原理。

5.2.1 二进制振幅键控(2ASK)

在振幅键控中,载波幅度是随着调制信号而变化的,是用基带信号对载波的幅度进行控制。设信息源发出的是二进制数字序列,"0"出现的概率为 P,"1"出现概率为 $1-P$,且二者彼此独立,则 2ASK 信号可表示为:

$$s(t) = \sum_n a_n g(t - nT_s) \tag{5.1}$$

式中，$g(t)$是持续时间为T_s的矩形波形；而a_n是脉冲幅度的取值，它服从下列关系：

$$a_n = \begin{cases} 0,\text{概率为}\ P \\ 1,\text{概率为}\ 1 - P \end{cases} \tag{5.2}$$

根据模拟调制的原理，二进制振幅键控可以表示成一个单极性矩形脉冲数字序列与一个余弦波的相乘，即

$$e_0(t) = s(t) \cdot \cos\omega_c t \tag{5.3}$$

将式(5.1)代入式(5.3)中，则有：

$$e_0(t) = \sum_n a_n g(t - nT_s) \cdot \cos\omega_c t \tag{5.4}$$

通常，二进制振幅键控信号的产生方法（调制方法）有两种，如图5.1所示。图5.1(a)就是一般的模拟幅度调制方法，不过这里的$s(t)$由式(5.1)规定；图5.1(b)就是一种键控方法，这里的开关电路受$s(t)$控制。图5.1(c)即为$s(t)$与$e_0(t)$的波形示例。对于二进制振幅键控信号，由于一个信号状态始终为零，相当于处于断开状态，故又称二进制振幅键控信号为通断键控(OOK)信号。

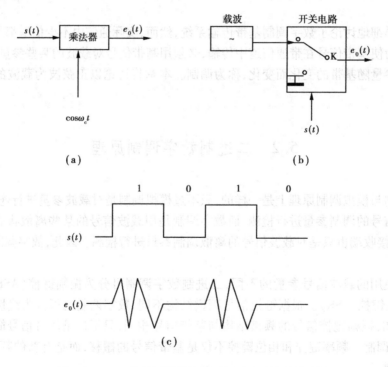

图5.1　2ASK信号调制器的原理框图及时域波形示例

如同AM信号的解调方法一样，OOK信号也有两种基本的解调方法：非相干解调(包络检波法)及相干解调(同步检测法)。相应的接收系统的组成框图如图5.2所示。与AM信号的接收系统相比，这里增加了一个"抽样判决器"方框，这对于提高数字信号的接收性能是十分必要的。图5.2(a)是非相干解调方式的模型及波形；图5.2(b)是相干解调方式的模型及波形。

下面分析二进制振幅键控信号的频谱。由于二进制振幅键控信号是随机的、功率型的信

号,因此,研究频谱特性时,应该讨论它的功率谱密度。

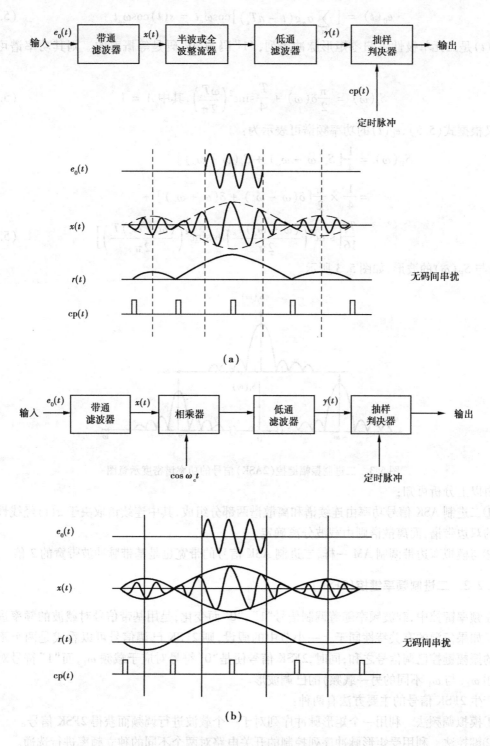

图 5.2　2ASK 信号的解调器组成方框图及波形
(a)非相干方式(包络检波);(b)相干方式

前面已经得到 2ASK 信号 $e_0(t)$ 的表达式为：

$$e_0(t) = \left[\sum_n a_n g(t - nT_s)\right]\cos\omega_c t = s(t)\cos\omega_c t \tag{5.5}$$

$s(t)$ 是二元单极性不归零矩形脉冲序列，"1"码与"0"码是等概率的。则其功率谱可表示为：

$$S_s(\omega) = \frac{\pi}{2}\delta(\omega) + \frac{T_s}{4}\mathrm{sinc}^2\left(\frac{\omega T_s}{2\pi}\right),\text{其中}A = 1 \tag{5.6}$$

又根据式(5.5)，$e_0(t)$ 的功率频谱可表示为：

$$
\begin{aligned}
S_E(\omega) &= \frac{1}{4}\left[S_s(\omega - \omega_c) + S_s(\omega + \omega_c)\right]\\
&= \frac{1}{4} \times \frac{\pi}{2}\left[\delta(\omega - \omega_c) + \delta(\omega + \omega_c)\right] +\\
&\quad \frac{T_s}{16}\left[\mathrm{sinc}^2\left(\frac{(\omega - \omega_c)T_s}{2\pi}\right) + \mathrm{sinc}^2\left(\frac{(\omega + \omega_c)T_s}{2\pi}\right)\right]
\end{aligned} \tag{5.7}
$$

$S_s(\omega)$ 与 $S_E(\omega)$ 的波形，如图 5.3 所示。

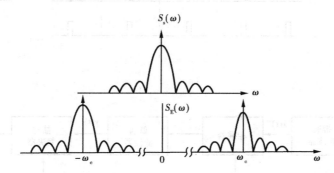

图 5.3　二进制振幅键控(2ASK)信号的功率谱密度示意图

由以上分析可知：

①二进制 ASK 信号功率由连续谱和离散谱两部分组成，其中连续谱取决于 $g(t)$ 经线性调制后的双边带谱，而离散谱则由载波分离确定。

②与模拟双边带调制 AM 一样，二进制 ASK 信号的带宽也是基带脉冲波带宽的 2 倍。

5.2.2　二进制频率键控(2FSK)

在频率键控中，载波频率随着调制信号"1"，"0"而变化，是用基带信号对载波的频率进行控制。如果信源的有关特性同于上一小节中的假设，则 2FSK 已调信号可以看成是两个不同载频的振幅键控已调信号之和；同时，2FSK 信号便是"0"符号对应于载频 ω_1，而"1"符号对应于载频 ω_2(与 ω_1 不同的另一载频)的已调波形。

产生 2FSK 信号的主要方法有两种：

①模拟调频法　利用一个矩形脉冲序列对于一个载波进行调频而获得 2FSK 信号。

②键控法　利用受矩形脉冲序列控制的开关电路对两个不同的独立频率进行选通。

模拟调制法如图 5.4(a)所示，键控法如 5.4(b)所示，波形示意图如图 5.4(c)所示。图中 $s(t)$ 代表信息的二进制矩形脉冲序列，$e_0(t)$ 即是 2FSK 信号。

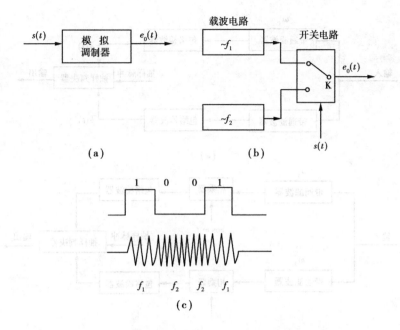

图 5.4　二进制键控(2FSK)信号的产生及波形示例

根据以上 2FSK 信号的产生原理,可以得出已调信号的数学表达式,即

$$e_0(t) = \sum_n a_n g(t - nT_s) \cdot \cos(\omega_1 t + \Phi_n) + \sum_n \overline{a}_n g(t - nT_s) \cdot \cos(\omega_2 t + \theta_n) \quad (5.8)$$

式中:

$$a_n = \begin{cases} 0, 概率为 P \\ 1, 概率为 1 - P \end{cases}$$

$\overline{a}_n$ 是 a_n 的反码,即若 $a_n = 0$,则 $\overline{a}_n = 1$;若 $\overline{a}_n = 1$,则 $a_n = 0$。于是

$$\overline{a}_n = \begin{cases} 0, 概率为 1 - P \\ 1, 概率为 P \end{cases}$$

$g(t)$——单个矩形波脉冲,脉宽为 T_s;

Φ_n、θ_n——第 n 个信号码元的初相位。

一般来说,键控法得到的 Φ_n、θ_n 是与序列 n 无关的,反映在 $e_0(t)$ 上,仅表现出 ω_1 与 ω_2 转换时其相位不是连续的;而用模拟调频法时,由于 $e_0(t)$ 当 ω 与 ω_2 转换时其相位是连续的,故 Φ_n、θ_n 不仅与第 n 个信号的码元有关,而且 Φ_n 与 θ_n 之间也应保持一定的关系。

二进制 FSK 信号的常用解调方法是采用如图 5.5 所示的非相干检测法(包络检测法)和相干检测法。这里的抽样判决器是判定哪一个输入样值大,此时,可以不专门设置门限电平。非相干检测法的条件是 $|\omega_1 - \omega_2| > 2\omega_s$,其判决准则为 $a(kT_s) \gtrless b(kT_s) \to \dfrac{1}{0}$。相干检测法的判决条件和判决准则与非相干检测法一样。

二进制频率键控(2FSK)信号还有其他解调方法,例如,鉴频法、过零检测法及差分检波法等。下面简单介绍过零检测法。

数字调频波的过零点数随不同的载频而异,故检测出过零点数可以得到关于频率的差异。这就是过零检测法的基本思想,其原理图如图 5.6 所示。输入信号经过限幅后产生矩形波序

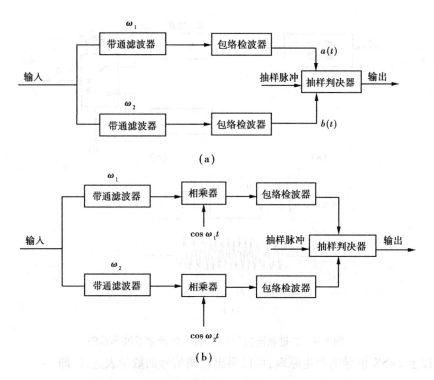

图 5.5 二进制频率键控信号常用的接收系统
(a)非相干方式;(b)相干方式

列,经微分整流形成与频率变化相应的脉冲序列,这个序列就代表着调频波的过零点。将其变换成具有一定宽度的矩形波,并经过低通滤波器除去高次谐波,便能得到对应于原数字信号的基带脉冲信号。

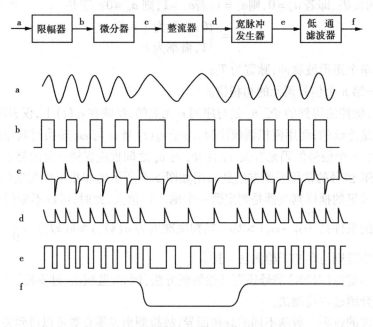

图 5.6 过零检测法方框图及各点波形

图 5.7 画出了 2FSK 信号的功率谱示意图,图中的谱高度是示意的,且是单边的。

曲线 a 对应的载频:　　　　$f_1 = f_0 + f_s$,　$f_2 = f_0 - f_s$;

曲线 b 对应的载频:　　$f_1 = f_0 + 0.4f_s$,　$f_2 = f_0 - 0.4f_s$;

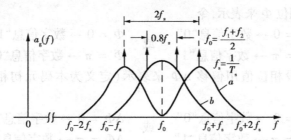

图 5.7　相位不连续 2FSK 信号的功率谱示意图(单边谱)

从图 5.7 可看出:

①2FSK 信号的功率谱同样由连续谱和离散谱组成。其中连续谱由两个双边谱叠加而成,而离散谱出现在两载频位置;

②若两个载频之差较小,比如小于 f_s,则连续谱出现单峰;若载频之差逐渐增大,即 f_1 与 f_2 的距离增加,则连续谱将出现双峰;

③由上面两个特点看到,传输 2FSK 的信号所需要的频带 Δf 为:

$$\Delta f = | f_2 - f_1 | + 2f_s \tag{5.9}$$

5.2.3　二进制移相键控及二进制差分移相位键控(2PSK 及 2DPSK)

在二进制移相键控(2PSK)中,载波的相位随调制信号"1","0"而变化,是用基带信号对载波的相位进行控制,是载波相位按基带脉冲改变的一种数字调制方式。设二进制符号及其基带波形与以前假设的一样,那么 2PSK 的信号形式一般表示为:

$$e_0(t) = \sum_n (a_n g(t - nT_s) \cdot \cos\omega_c t \tag{5.10}$$

式中,$g(t)$ 是脉冲宽度 T_s 的单个矩形脉冲,而 a_n 的统计特性为:

$$a_n = \begin{cases} +1, \text{概率为 } P \\ -1, \text{概率为 } 1-P \end{cases}$$

这表明,在某一码元在持续时间 T_s 内时,$e_0(t)$ 为:

$$e_0(t) = \begin{cases} \cos\omega_c t, \text{概率为 } P \\ -\cos\omega_c t, \text{概率为 } 1-P \end{cases} \tag{5.11}$$

即发送二进制符号"0"时(a_n 取 $+1$),$e_0(t)$ 取 0 相位;发送二进制符号"1"时(a_n 取 -1),a_n 取 π 相位。这种以载波的不同相位直接表示相应数字信息的相位键控信号,通常称为绝对移相键控信号,其信息代码变换 2PSK 规律是"异变同不变",即本码元与前一码元相异时,本码元内 2PSK 信号的初相相对于前一码元内 2PSK 信号的位相变化 180°,相同时则不变。

如果采用绝对移相方式,由于发送端是以某一个相位作为绝对移键控信号的基准相位的,因而在接收系统中也必须有这样一个固定基准相位作为参考点。如果这个参考相位发生变化(0 相位变 π 相位,或 π 相位变 0 相位),则恢复的数字信息就会发生"0"变为"1"或"1"变为"0",从而造成错误的恢复。在实际通信中,参考基准相位的随机跳变是可能的,称为 2PSK 方式的"倒π"现象或"反相工作"现象,为此,实际中一般不采用2PSK方式,而采用另一种方式,即相对(差分)移相(2DPSK)方式。

2DPSK方式即是利用前后相邻码元的相对载波相位值表示数字信息的一种方式。对2PSK,假设相位值用相位 Φ 来表示,令

$$\Phi = 0 \rightarrow 数字信息"0" \qquad 或 \qquad \Phi = 0 \rightarrow 数字信息"1"$$
$$\Phi = \pi \rightarrow 数字信息"1" \qquad \Phi = \pi \rightarrow 数字信息"0"$$

对于2DPSK,假设相位值用偏移 $\Delta\Phi$ 来表示(定义为本码元初相与前一码元初相之差),令

$$\Delta\Phi = 0 \rightarrow 数字信息"0" \qquad 或 \qquad \Delta\Phi = 0 \rightarrow 数字信息"1"$$
$$\Delta\Phi = \pi \rightarrow 数字信息"1" \qquad \Delta\Phi = \pi \rightarrow 数字信息"0"$$

则数字信息序列与2DPSK信号的码元相位关系可举例表示如下:

数字信息:	0	0	1	1	1	0	0	1	0	1
2PSK 相位 Φ:	0	0	π	π	π	0	0	π	0	π
或:	π	π	0	0	0	π	π	0	π	0
2DPSK 相位 $\Delta\Phi$:	0	0	π	0	π	0	0	π	π	0
或:	π	π	π	0	π	0	0	0	π	π	0

按照前面的规定画出的2PSK及2DPSK信号波形,如图5.8所示。

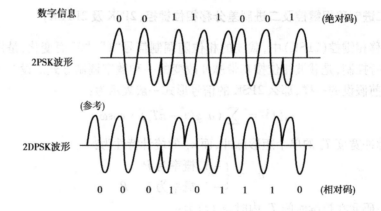

图5.8 2PSK及2DPSK信号的波形

由图5.8可以看出,2DPSK的波形与2PSK的不同,2DPSK波形的同一相位并不对应相同的数字信息符号,而前后码元相对相位的差才惟一决定信息符号。这说明,解调2DPSK信号时并不依赖于某一固定的载波相位参考值,只要前后码元的相对相位关系不破坏,则鉴别这个相位关系就可正确恢复数字信息,这就避免了2PSK方式中的"倒π"现象的发生。同时还可以看出,单纯从波形上看,2DPSK与2PSK是无法分辨的。比如图5.8中2DPSK也可以是另一符号序列经绝对移相而形成的。这说明,一方面,只有已知移相键控方式是绝对的还是相对的,才能正确判断信息;另一方面,相对移相信号可以看做是把数字信息序列(绝对码)变换成相对码,然后再根据相对码进行绝对移相而形成的。因此,2DPSK的常用调制方法是首先对数字基带信号进行差分编码,即由绝对码表示变为相对码(差分码),然后再进行绝对调相。

DPSK 调制器方框图如图 5.9(a)所示,图中还给出了典型的波形,如图 5.9(b)所示。

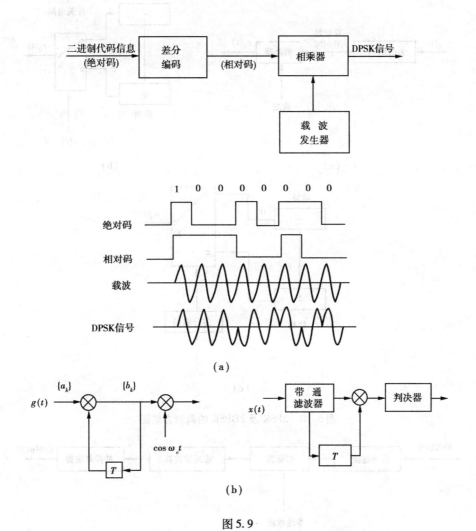

图 5.9
(a)DPSK 调制器及波形;(b)DPSK 信号的产生与差分相干接收

实现相对移相键控(2DPSK)的方法很简单,只要在绝对移相键控(PSK)系统内插入差分编码变换单元即可,如图 5.9(c)所示差分编码的变换是由一个"模二"加法器和一个 1bit 延迟器所完成。差分编码规则为:

$$b_k = a_k \oplus b_{k-1} \tag{5.12}$$

式中,a_k 为原码,b_k 为差分码,b_{k-1} 为前一位差分码。

这里再来讨论 2PSK 及 2DPSK 信号的调制与解调。2PSK 及 2DPSK 信号的调制方框图如图 5.10 所示。图 5.10(a)是产生 2DPSK 信号的模拟调制法框图,图 5.10(b)是产生 2PSK 信号的键控法框图,图 5.10(c)是产生 2DPSK 信号的键控法框图。

对于 2PSK 信号的解调,容易想到的一种方法是相干解调,其相应的方框图如图 5.11(a)所示。又考虑到相干解调在这里实际上起鉴相作用,故相干解调中的"相乘—低通"又可用各种鉴相替代,如图 5.11(b)所示。图中的解调过程,实质上是输入已调信号与本地载波信号进行极性比较的过程,故常称为极性比较法解调。

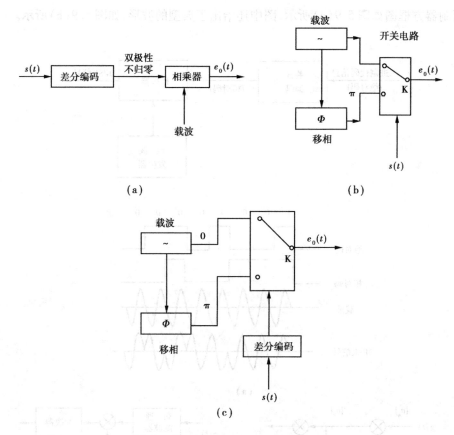

（a）

（b）

（c）

图 5.10　2PSK 及 2DPSK 的调制方框图

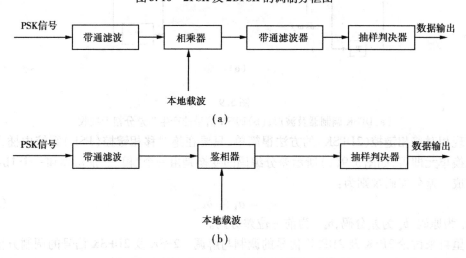

（a）

（b）

图 5.11　2PSK 信号接收方框图

　　2DPSK 信号也可以采用极性比较法解调,但解调后必须把输出序列再变换成绝对码序列,其原理框图如图 5.12(a)所示,此外,2DPSK 信号还可采用一种所谓的差分相干解调方法,它是直接比较前后码元的相位差而构成的,故又可称为相位比较法解调,其原理如图 5.12(b)所示。由于此时的解调已同时完成码变换作用,故无需码变换器。由于这种解调方法又无需专门的相干载波,所以是一种很实用的方法。但它需要一延迟电路(精确地延迟一个码元间隔 T_s)这是在设备上花费的代价。在实用中 2DPSK 的系统性能比 2PSK 的也稍差。

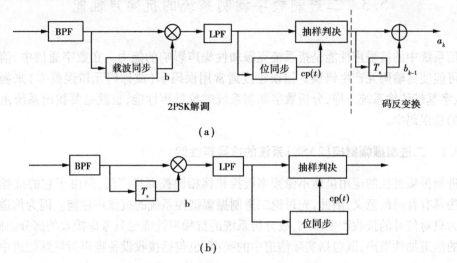

图 5.12　2DPSK 信号的接收框图

现在来分析 2PSK 信号的频谱,将式(5.10)与式(5.4)比较可见,它们形式上是完全相同的,所不同的是 a_n 的取值。因此,求 2PSK 信号的功率谱密度时,也可以采用与求 2ASK 信号功率谱密度的方法。

因为一个 2PSK 信号 $e_0(t)$ 可以表示为:

$$e_0(t) = \left[\sum_n a_n g(t - nT_s)\right]\cos\omega_c t = s(t)\cos\omega_c t \tag{5.13}$$

设 $s(t)$ 是二元双极性不归零矩形脉冲序列,"1"码与"0"码是等概的,则其功率谱可表示为:

$$S_s(\omega) = T_s \text{sinc}^2\left(\frac{\omega T_s}{2\pi}\right) \tag{5.14}$$

而 $e_0(t)$ 的功率谱可以表示为:

$$S_E(\omega) = \frac{1}{4}\left[S_s(\omega - \omega_c) + S_s(\omega + \omega_c)\right]$$

$$= \frac{T_s}{4}\left[\text{sinc}^2\left(\frac{(\omega - \omega_c)T_s}{2\pi}\right) + \text{sinc}^2\left(\frac{(\omega + \omega_c)T_s}{2\pi}\right)\right] \tag{5.15}$$

将式(5.15)与 2ASK 的功率谱表达式(5.7)对比可见:2PSK 信号的功率谱在此处没有冲激项,抑制了载波分量;式(5.15)中的第二项除常数外,与式(5.7)的对应项完全相同。因此,2PSK 与 2ASK 的传输带宽相同。

因为对二相相对移相调制,式(5.10)并不表示原数字序列的调制信号波形,而是表示绝对码变换成相对码后的数字序列的调相信号的波形,所以,二相相对移相信号的频谱与二相绝对移相信号的频谱是完全相同的。

5.3 二进制数字调制系统的抗噪声性能

通信系统中的抗噪声性能是指系统克服加性噪声影响的能力。在数字通信中,信道加性噪声有可能使传输码元产生错误。错误程度通常用误码率(或称码元错误概率)来衡量。因此,与数字基带传输系统一样,分析数字调制系统的抗噪声性能,也就是要找出系统由加性噪声产生的总误码率。

5.3.1 二进制振幅键控(2ASK)系统的抗噪声性能

二进制振幅键控的应用虽然不像频率键控和移相键控那样广泛,但由于它的抗噪声性能分析方法具有普遍的意义,因此,先讨论二进制振幅键控系统的抗噪声性能。因为信道加性噪声被认为只对信号的接收产生影响,故分析系统的抗噪声性能也只考虑接收的部分。同时,认为这里的信道加性噪声,既包括实际信道中的噪声,也包括接收设备噪声折算到信道中的等效噪声。

对于二进制振幅键控系统,在一个码元持续时间内其发送端输出的波形可表示为:

$$s_T(t) = \begin{cases} A\cos\omega_c t + n_i(t), & \text{发送"1"码} \\ 0, & \text{发送"0"码} \end{cases} \tag{5.16}$$

式中,T_s 为二进制码元的宽度,在每一段时间 $(0, T_s)$ 内,接收端的输入波形 $y_i(t)$ 可表示如下:

$$y_i(t) = \begin{cases} a\cos\omega_c t + n_i(t), & \text{发送"1"码} \\ n_i(t), & \text{发送"0"码} \end{cases} \tag{5.17}$$

式中,$n_i(t)$ 为加性高斯白色噪声。

对于振幅键控信号,通常用包络检波法或同步检测法进行解调,如图 5.2 所示。假设图中的带通滤波器恰好完整地通过,则它的输出波形 $y(t)$ 由式(5.17)改变为:

$$y(t) = \begin{cases} a\cos\omega_c t + n(t), & \text{发送"1"码} \\ n(t), & \text{发送"0"码} \end{cases} \tag{5.18}$$

式中,$n(t)$ 为高斯白色噪声通过带通滤波器后的噪声,$n(t)$ 是一个窄带高斯过程,且可以表示为:

$$n(t) = n_c(t)\cos\omega_c t - n_s(t)\sin\omega_c t \tag{5.19}$$

于是

$$\begin{aligned} y(t) &= \begin{cases} a\cos\omega_c t + n_c(t)\cos\omega_c t - n_s(t)\sin\omega_c t \\ n_c(t)\cos\omega_c t - n_s(t)\sin\omega_c t \end{cases} \\ &= \begin{cases} [a + n_c(t)]\cos\omega_c t - n_s(t)\sin\omega_c, & \text{发"1"码} \\ n_c(t)\cos\omega_c t - n_s(t)\sin\omega_c t, & \text{发"0"码} \end{cases} \end{aligned} \tag{5.20}$$

以下将分别讨论包络检波法和同步检测法的系统性能:

(1)包络检波法的系统性能

由线性系统非相干解调的分析可知,若发送"1"码,则在 $(0, T_s)$ 内,带通滤波器输出的包络为:

$$V(t) = \sqrt{[a + n_c(t)]^2 + n_s^2(t)} \tag{5.21}$$

若发送"0"码,则带通滤波器的输出包络为:

$$V(t) = \sqrt{n_c^2(t) + n_s^2(t)} \tag{5.22}$$

其概率的密度可分别式表示为:

$$f_1(V) = \frac{V}{\sigma_n^2} I_0\left(\frac{aV}{\sigma_n^2}\right) e^{-(V^2+a^2)/(2\sigma_n^2)} \tag{5.23}$$

$$f_0(V) = \frac{V}{\sigma_n^2} e^{-V^2/(2\sigma_n^2)} \tag{5.24}$$

式中,σ_n^2 为 $n(t)$ 的方差。

显然,波形 $y(t)$ 经包络检波器及低通滤波器后的输出由式(5.20)与式(5.21)决定。因此,经抽样判决器后即可确定接收码元是"1"还是"0"。可规定:若 $V(t)$ 的抽样值 $V(t) > b$(门限电压),则判为"1",若 $V \leqslant b$,则判为"0"。在这里选择什么样的 b 与判决的正确程度密切相关。具体分析如下:

①当发送的码元为"1"时,错误接收的概率即是包络值 V 小于或等于 b 的概率,即

$$P_{e_1} = P(V \leqslant b) = \int_0^b f_1(V) dV = 1 - \int_0^\infty f_1(V) dV$$

$$= 1 - \int_b^\infty \frac{aV}{\sigma_n^2} I_0\left(\frac{aV}{\sigma_n^2}\right) e^{-(V^2+a^2)/2} dV \tag{5.25}$$

上式中的积分值可以用 Q 函数(Marcum Q 函数)计算,该函数定义为:

$$Q(\alpha, \beta) = \int_\beta^\infty t I_0(\alpha t) e^{-(t^2+a^2)/2} dt \tag{5.26}$$

令上式中

$$\alpha = \frac{a}{\sigma_n}, \beta = \frac{b}{\sigma_n}, t = \frac{V}{\sigma_n}$$

则式(5.25)可以写成:

$$P_{e_1} = 1 - Q\left(\frac{a}{\sigma_n}, \frac{b}{\sigma_n}\right) \tag{5.27}$$

因为带通滤波器的输出信噪比为 $a^2/(2\sigma_n^2)$,而 b/σ_n 可称为归一化门限值,所以上式也可以表示为:

$$P_{e_1} = 1 - Q(\sqrt{2r}, b_0) \tag{5.28}$$

式中,$b_0 = b/\sigma_n$,$r = a^2/(2\sigma_n^2)$(信噪比)。

②同理,当发送的码元为"0"时,错误接收的概率即是噪声电压的包络抽样值超过门限 b 的概率,即

$$P_{e_2} = P(V > b) = \int_b^\infty f_0(V) dV = \int_b^\infty \frac{V}{\sigma_n^2} e^{-V^2/(2\sigma_n^2)} dV$$

$$= e^{-b^2/(2\sigma_n^2)} = e^{-b_0^2/2} \tag{5.29}$$

假设发送"1"码的概率为 $P(1)$,发送"0"码的概率为 $P(0)$,则系统的总误码率 P_e 为:

$$P_e = P(1)P_{e_1} + P(0)P_{e_2} = P(1)[1 - Q(\sqrt{2r}, b_0)] + P(0)e^{-b_0^2/2} \tag{5.30}$$

如果 $P(1) = P(0)$,则上式可变为:

$$P_e = \frac{1}{2}[1 - Q(\sqrt{2r}, b_0)] + \frac{1}{2}e^{-b_0^2/2} \tag{5.31}$$

由此可见,包络检波法的系统误码率取决于系统输入信噪比和归一化门限值。最佳门限值 V_T 可以由下列方程式决定:

$$f_1(V_T) = f_0(V_T) \tag{5.32}$$

其中,V_T 为最佳门限值,即为 $b_{0T}\sigma_n$ 由式(5.23)、式(5.24)和式(5.32)可得:

$$r = \frac{a^2}{(2\sigma_n^2)} = \ln I_0\left(\frac{aV_T}{\sigma_n^2}\right) \tag{5.33}$$

当大信噪比($r \gg 1$)时,上式变为:

$$\frac{a^2}{2\sigma_n^2} = \frac{aV_T}{\sigma_n^2} \tag{5.34}$$

当小信噪比($r \ll 1$)时,式(5.34)可变为:

$$\frac{a^2}{2\sigma_n^2} = \frac{1}{4}\left(\frac{aV_T}{\sigma_n^2}\right)^2 \tag{5.35}$$

从以上分析可知,对于任意的 r 值,b_{0T} 的取值将介于 $\sqrt{2}$ 和 $\sqrt{r/2}$ 之间。

实际上,采用包络检波法的接收系统通常总是工作在大信噪比的情况下,因而最佳门限取 $\sqrt{r/2}$,即最佳非归一化的门限值 $V_T = a/2$。即这时门限恰好是接收信号包络的1/2。当发送"1"码的概率与发送"0"码的概率相等,即 $P(1) = P(0)$ 时,且根据式(5.33)可求得 OOK 非相干接收时的误码率为:

$$P_e = \frac{1}{4}erfc\left(\frac{\sqrt{r}}{2}\right) + \frac{1}{2}e^{-r/4} \tag{5.36 a}$$

式中,$erfc(x) = 1 - erf(x)$,当 $x \to \infty$ 时,$erfc(x) \to 0$,故当 $r \to \infty$ 时,上式的下界为:

$$P_e = \frac{1}{2}e^{-r/4} \tag{5.36 b}$$

(2)同步检测法的系统性能

在图5.2(b)中,当式(5.19)所示的波形经过相乘器和低通滤波器之后,在抽样判决器输端得的波形 $x(t)$ 为:

$$x(t) = \begin{cases} \frac{1}{2}[a + n_c(t)], & \text{发送"1"码} \\ \frac{1}{2}n_c(t), & \text{发送"0"码} \end{cases} \tag{5.37}$$

由于 $n_c(t)$ 是高斯过程,因此,当发送"1"时,$a + n_c(t)$ 的一维概率密度为:

$$f_1(x) = \frac{1}{\sigma_n\sqrt{2\pi}}\exp[-(x-a)^2/(2\sigma_n^2)] \tag{5.38}$$

而当发送"0"时,$n_c(t)$ 的一维概率密度为:

$$f_0(x) = \frac{1}{\sigma_n\sqrt{2\pi}}\exp[-x^2/(2\sigma_n^2)] \tag{5.39}$$

若仍令判决门限为 b,则将"1"错误判决为"0"的概率 P_{e1} 及将"0"错判为"1"的概率 P_{e2} 可以分别求得为:

$$P_{e_1} = \int_{-\infty}^{b} f_1(x)\,\mathrm{d}x = 1 - \frac{1}{2}\Big[1 - \mathrm{erf}\Big(\frac{b-a}{\sqrt{2\sigma_n^2}}\Big)\Big] \tag{5.40}$$

其中

$$\mathrm{erf}(x) = \frac{2}{\sqrt{\pi}}\int_0^x e^{-u^2}\,\mathrm{d}u \tag{5.41}$$

$$P_{e_2} = \int_{b}^{\infty} f_0(x)\,\mathrm{d}x = \frac{1}{2}\Big[1 - \mathrm{erf}\Big(\frac{b}{\sqrt{2\sigma_n^2}}\Big)\Big] \tag{5.42}$$

因此,假设 $P(1) = P(0)$,则可得到系统的总误码率 P_e 为:

$$P_e = \frac{1}{2}P_{e_1} + \frac{1}{2}P_{e_2} = \frac{1}{4}\Big[1 + \mathrm{erf}\Big(\frac{b-a}{\sqrt{2\sigma_n^2}}\Big)\Big] + \frac{1}{4}\Big[1 - \mathrm{erf}\Big(\frac{b}{\sqrt{2\sigma_n^2}}\Big)\Big] \tag{5.43}$$

这时的最佳门限同样可以仿照前面的方法来确定。此时有:

$$f_1(x_T) = f_0(x_T) \tag{5.44}$$

将式(5.38)及式(5.39)代入式(5.44),即

$$x_T = \frac{a}{2} \tag{5.45}$$

而最佳归一化门限值 $b_{oT} = x_T/\sigma_n = \sqrt{r/2}$。将这个结果代入式(5.43),则最后得到下式:

$$P_e = \frac{1}{2}\mathrm{erfc}(\sqrt{r/2}) \tag{5.46}$$

当 $r \gg 1$,式(5.46)变为:

$$P_e = \frac{1}{\sqrt{\pi r}}e^{-r/4}, \quad r = \frac{a^2}{\sigma_n^2} \tag{5.47}$$

比较式(5.36b)和式(5.47)可以看出,在相同的大信器噪比($r \gg 1$)情况下,2ASK 信号同步检测时的误码率总是低于包络检波时的误码率,但二者误码率相差并不大。然而,前者不需要稳定的本地相干载波信号,故在电路上要比后者简单得多。

例 5.1　设某 2ASK 信号的码元速率 $R_B = 4.8 \times 10^6\mathrm{Bd}$,采用包络检波法或同步检测法解调。已知接收端输入信号的幅度 $a = 1\mathrm{mV}$,信道中加性高斯白噪声的单边功率谱密度 $n_0 = 2 \times 10^{-5}\mathrm{W/Hz}$,试求:

①包络检波法解调时系统的误码率;

②同步检测法解调时系统的误码率。

解　根据题意,可得:

①因为 2ASK 信号的码元速率 $R_B = 4.8 \times 10^6\mathrm{Bd}$,所以接收端带通滤波器的带宽近似为:

$$B \approx 2R_B = 1.92 \times 10^6\mathrm{Hz}$$

带通滤波器输出噪声的平均功率为:

$$\sigma_n^2 = n_0 B = 1.92 \times 10^{-8}\mathrm{W}$$

解调器输入信噪比为:

$$r = \frac{a^2}{2\sigma_n^2} = \frac{10^{-6}}{2 \times 1.92 \times 10^{-8}} \approx 26 \gg 1$$

所以,根据式(5.36b)可得包络检波法解调时系统的误码率为:

$$P_e = \frac{1}{2}e^{-r/4} = \frac{1}{2}e^{-6.5} = 7.5 \times 10^{-4}$$

②同理,根据式(5.47),可得同步检测法解调时系统的误码率为:

$$P_e = \frac{1}{\sqrt{\pi r}}e^{-r/4} = \frac{1}{\sqrt{3.1416 \times 26}}e^{-6.5} = 1.67 \times 10^{-4}$$

5.3.2 二进制频率键控(2FSK)的抗噪声性能

在二进制频率键控中,如果数字信息的"1"或"0"分别用两个不同频率的码元波形来表示,则发送码元信号可表示为:

$$S_T(t) = \begin{cases} A\cos\omega_1 t, & \text{发送"1"码} \\ A\cos\omega_2 t, & \text{发送"0"码} \end{cases} \tag{5.48}$$

对于移频键控信号的解调,同样可用包络检波法和同步检波法。简化的接收系统如图5.5所示,图中每一系统用两个带通滤波器来区分中心角频率 ω_1 和 ω_2 的信号码元。假设带通滤波器恰好使相应的信号无失真通过,则其输出端波形 $y(t)$ 可表示为:

$$y(t) = \begin{cases} A\cos\omega_1 t + n(t), & \text{发送"1"码} \\ A\cos\omega_2 t + n(t), & \text{发送"0"码} \end{cases} \tag{5.49}$$

式中, $n(t)$ 为窄带高斯过程。

下面分别讨论包络检波法和同步检波法的系统性能:

(1)包络检波法的系统性能

现在假设在 $(0, T_s)$ 时间内所发送的码元为"1"(对应 ω_1),则这时送入抽样判决器进行比较的两路输入包络分别为:

$$V_1(t) = \sqrt{[a + n_c(t)]^2 + n_s^2(t)} \tag{5.50a}$$

$$V_2(t) = \sqrt{n_c^2(t) + n_s^2(t)} \tag{5.50b}$$

式中, $V_1(t)$ 相应于 ω_1 通道的包络函数, $V_2(t)$ 相应于 ω_2 通道的包络函数。

由前面的讨论可知, $V_1(t)$ 的一维概率分布为广义瑞利分布,而 $V_2(t)$ 的一维概率分布为瑞利分布,它们的概率密度可以分别表示为:

$$f_1(V_1) = \frac{V_1}{\sigma_n^2}I_0\left(\frac{aV_1}{\sigma_n^2}\right)e^{-(V_1^2 + a^2)/(2\sigma_n^2)} \tag{5.51}$$

$$f_2(V_2) = \frac{V_2}{\sigma_n^2}e^{-V_2^2/(2\sigma_n^2)} \tag{5.52}$$

显然,当 $V_1(t)$ 的取样值 V_1 小于 $V_2(t)$ 的取样值 V_2 时,则发生判决错误,其错误的概率为:

$$P_{e_1} = P(V_1 < V_2) = \int_0^\infty f_1(V_1)\left[\int_{V_2 = V_1}^\infty f_2(V_2)\mathrm{d}V_2\right]\mathrm{d}V_1$$

$$= \int_0^\infty \frac{V_1}{\sigma_n^2}I_0\left(\frac{aV_1}{\sigma_n^2}\right)\exp\left[(-2V_1^2 - a^2)/(2\sigma_n^2)\right]\mathrm{d}V_1 \tag{5.53}$$

式中, $\left[f_1(V_1)\int_{V_2 = V_1}^\infty f_2(V_2)\mathrm{d}V_2\right]\mathrm{d}V_1$ 表示在 ω_1 通道内产生的包络值为 V_1 ,在 ω_2 通道内产生的包络值是 V_2 ,并且 $V_2 > V_1$ 的情况下,这时的概率是误码的概率。而积分 $\int_{V_1 = 0}^\infty[\cdot]\mathrm{d}V_1$ 表示只要满足上述条件,在 V_1 在 $0 \sim \infty$ 的范围内都是产生误码的概率,因此,这些概率应该相加。这是

因为判决电路是根据最大值加以判决的,不论 V_1 的幅度多大,只要满足 $V_2 > V_1$ 均产生误码。

令
$$t = \frac{\sqrt{2}V_1}{\sigma_n}, \quad z = \frac{a}{\sqrt{2}\sigma_n}$$

则式(5.53)可以改写成:

$$P_{e_1} = \frac{1}{2}e^{-z^2/2} \int_0^\infty t I_0(zt) e^{-(t^2+z^2)/2} dt \tag{5.54}$$

根据 Q 函数的性质,有:

$$Q(z,0) = \int_0^\infty t I_0(zt) e^{-(t^2+z^2)/2} dt = 1 \tag{5.55}$$

所以,上述的 P_{e_1} 即为:

$$P_{e_1} = \frac{1}{2}e^{-z^2/2} = \frac{1}{2}e^{-r/2} \tag{5.56}$$

式中,$r = z^2 = a^2/(2\sigma_n^2)$。

同理,可求得发"0"码的错误概率 P_{e_2},其结果与式(5.56)一致,即

$$P_{e_2} = \frac{1}{2}e^{-r/2} \tag{5.57}$$

于是,可得 2FSK 非相干接收系统的总误码率 P_e 为:

$$P_e = \frac{1}{2}e^{-r/2} \tag{5.58}$$

(2)同步检测法的系统性能

仍假设在时间$(0, T_s)$内所发送的码元为"1",则这时送入抽样判决器进行比较的两路输入波形分别为:

$$\begin{cases} x_1(t) = a + n_{1c}(t) \\ x_2(t) = n_{2c}(t) \end{cases} \tag{5.59}$$

式中,$x_1(t)$相应于 ω_1 通道的输入,$x_2(t)$相应于 ω_2 通道的输入。

因为 $n_{1c}(t)$ 及 $n_{2c}(t)$ 都是随机高斯过程,故抽样值 $x_1 = a + n_{1c}$ 是均值为 a,方差为 σ_n^2 的正态随机变量;而抽样值 $x_2 = n_{2c}$ 也是均值为0,方差为 σ_n^2 的正态随机变量。由于此时 $x_1 < x_2$ 会造成将"1"码错误判决为"0"码,故这时错误概率 P_{e_1} 为:

$$P_{e_1} = P(x_1 < x_2) = P[(a + n_{1c}) < n_{2c}]$$
$$= P(a + n_{1c} - n_{2c} < 0) \tag{5.60}$$

令 $z = a + n_{1c} - n_{2c}$,则 z 也是正态随机变量,且均值为 a,方差为 σ_z^2,该 σ_z^2 为:

$$\sigma_z^2 = \overline{(z - \bar{z})^2} = 2\sigma_n^2 \tag{5.61}$$

因此,令 z 的概率为 $f(z)$ 时,则有:

$$P_{e_1} = \int_{-\infty}^0 f(z) dz = \frac{1}{\sqrt{2\pi}\sigma_z} \int_{-\infty}^0 e^{-(z-a)^2/(2\sigma_z^2)} dz$$

$$= \frac{1}{2}erfc\left(\sqrt{\frac{r}{2}}\right) \tag{5.62}$$

同理,可求得发送"0"错判为"1"的概率 P_{e_2},在上述条件下,P_{e_1} 与 P_{e_2} 是相等的,因此,可得到 2FSK 接收系统总误码率 P_e

$$P_e = \frac{1}{2}\text{erfc}\left(\sqrt{\frac{r}{2}}\right) \tag{5.63}$$

此外,在大信噪比条件下,上式可变为:

$$P_e = \frac{1}{\sqrt{2\pi r}}e^{-r/2}, r = \frac{a^2}{2\sigma_n^2} \tag{5.64}$$

将式(5.63)与相干接收2ASK信号的误码率公式(5.46)相比,可以看出,在相同信噪比的情况下,前者要比后者优越,或者说,2ASK信号系统要比2FSK信号提高3dB信噪比,才能保证相同的误码率。

将式(5.64)与非相干2FSK接收信号的误码率公式(5.57)相比,可以看出,在信噪声比r很大时,相干接收2FSK信号的误码率比非相干接收的误码率略为优越,但相干接收需要提供本地载波。

例5.2 采用二进制频率键控方式在有效带宽2 400Hz的信道上传送二进制数字信息。已知2FSK信号的两个频率:$f_1 = 2\,025\text{Hz}$,$f_2 = 2\,225\text{Hz}$;码元速率$R_B = 300\text{Bd}$,信道输出端的信噪比为6dB,试求:

①2FSK信号的带宽;

②采用包络检波法解调时系统的误码率;

③采用同步检测法时系统的误码率。

解 根据题意,可得:

①根据式(5.9)该2FSK信号的带宽为:

$$\Delta f \approx |f_1 - f_2| + 2f_s$$
$$= |f_1 - f_2| + 2R_B = 800\ (\text{Hz})$$

②由于码元速率为300Bd,所以图5.5接收系统上下支路带通滤波器ω_1和ω_2的带宽近似为:

$$B \approx \frac{2}{T_s} = 2R_B = 600\ (\text{Hz})$$

又因为已知信道的有效带宽为2 400Hz,它是接收系统上下支路带通滤波器带宽的4倍,所以带通滤波器输出信噪比r比输入信噪比提高了3倍。又由于输入信噪比为6dB,故带通滤波器输出的信噪比应为:

$$r = 4 \times 4 = 16$$

根据式(5.57),可得包络检波法解调时系统的误码率为:

$$P_e = \frac{1}{2}e^{-r/2} = P_e = \frac{1}{2}e^{-8} = 1.68 \times 10^{-4}$$

③同理,根据式(5.62),可得同步检测法解调时系统的误码率为:

$$P_e = \frac{1}{2}\text{erfc}\left(\sqrt{\frac{r}{2}}\right) = P_e = \frac{1}{2}\text{erfc}(\sqrt{8}) = 3.17 \times 10^{-5}$$

5.3.3 二进制移相键控及差分相位键控(2PSK及2DPSK)系统的抗噪声性能

无论是绝对移相信号还是相对移相信号,单从信号的波形来看,"0","1"码对应的都是一对反相信号的序列。因此,在研究移相键控系统的性能时,仍可以把发送端发出的信号假设为：

$$S_{\mathrm{T}}(t) = \begin{cases} A\cos\omega_c t, & \text{发送 "1" 码} \\ -A\cos\omega_2 t = -u_{1\mathrm{T}}(t), & \text{发送 "0" 码} \end{cases} \tag{5.65}$$

式中，当 $S_{\mathrm{T}}(t)$ 代表绝对移相信号时，"1" 及 "0" 便是原始数字信息（绝对码）；当 $S_{\mathrm{T}}(t)$ 代表相对移相信号时，则 "1" 及 "0" 并非是原始数字信息，而是绝对码变换成相对码后的 "1" 及 "0"。

对上式给出的移相信号，通常可采用同步检测法和差分相干检测法进行解调，其简化的接收系统如图 5.11(a) 及图 5.12(b) 所示，并假设判决门限值为 0 电平。

(1) 同步检测法的系统性能

从图 5.11(a) 所示的同步检测系统可以看出，在一个信号码元的持续时间内，低通滤波器的输出波形可表示为：

$$x(t) = \begin{cases} a + n_c(t), & \text{发送 "1" 码} \\ -a + n_c(t), & \text{发送 "0" 码} \end{cases} \tag{5.66}$$

式中，当发送 "1" 时，只有噪声 $n_c(t)$ 叠加结果使 $x(t)$ 在抽样判决时刻变为小于 0 值时，才发生将 "1" 判为 "0" 的错误，于是，将 "1" 判为 "0" 的错误概率 P_{e_1}，即

$$P_{e_1} = P \quad (x < 0, \text{发送 "1" 码时}) \tag{5.67}$$

同理，将 "0" 判为 "1" 的错误概率 P_{e_2} 为：

$$P_{e_2} = P \quad (x > 0, \text{发送 "0" 码时}) \tag{5.68}$$

因为此时 $P_{e_1} = P_{e_2}$，故只需要求得其中之一即可。由于这时的 x 是均值为 a 方差为 σ_n^2 的正态随机变量，因此

$$P_{e_1} = \int_{-\infty}^{0} \frac{1}{\sqrt{2\pi}\sigma_n} e^{-(x-a)^2/(2\sigma_n^2)} dx = \frac{1}{2}\mathrm{erfc}(\sqrt{r}) \tag{5.69}$$

式中，$r = a^2/2\sigma_n^2$。

因为 $P_{e_1} = P_{e_2}$，故 2PSK 信号采用同步检测法的系统误码率为：

$$P_e = \frac{1}{2}\mathrm{erfc}(\sqrt{r}) \tag{5.70}$$

在大信噪比下，上式成为：

$$P_e \approx \frac{1}{2}\frac{1}{\sqrt{\pi r}}e^{-r} \tag{5.71}$$

(2) 差分相干检测法的系统性能

差分检测与同步检测的主要区别在于，前者的参考信号不像后者那样有固定的载频和相位，此时它是加性噪声干扰的。因此，假定在一个码元时间内发送的是 "1"，且令前一个码元也为 "1"（也可以令其为 "0"），则在差分检测系统里加到理想鉴相器的两路波形可分别表示为：

$$\begin{cases} x_k = [a + n_{1c}(t)]\cos\omega_c t - n_{1s}(t)\sin\omega_c t \\ x_{k-1} = [a + n_{2c}(t)]\cos\omega_c t - n_{2s}(t)\sin\omega_c t \end{cases} \tag{5.72}$$

式中，x_k 表示无延迟支路的输入波形；

　　　x_{k-1} 表示有延迟支路的输入波形，也就是前一码元经延迟后的波形；

　　　$[n_{1c}(t)\cos\omega_c t - n_{1s}(t)\sin\omega_c t]$ ——无延迟支路的高斯过程；

$[n_{2c}(t)\cos\omega_c t - n_{2s}(t)\sin\omega_c t]$——有延迟支路延迟后的高斯过程。

设

$$x_1(t) = a + n_{1c}(t), y_1(t) = n_{1s}(t), x_2(t) = a + n_{2c}(t), y_2(t) = n_{2s}(t)$$

代入式(5.72),因为理想鉴相器的作用可以等效为相乘—低通滤波,故其输出为:

$$Y_k(t) = \frac{1}{2}\{[a + n_{1c}(t)][a + n_{2c}(t)] + n_{1s}(t)n_{2s}(t)\} = \frac{1}{2}(x_1 x_2 + y_1 y_2) \quad (5.73)$$

这个波形经取样后即按下述规则进行判决:

若 $Y_k(t) > 0$,则判为"1"——正确判决。

若 $Y_k(t) < 0$,则判为"0"——错误判决。

利用恒等式

$$x_1 x_2 + y_1 y_2 = \frac{1}{4}\{[(x_1 + x_2)^2 + (y_1 + y_2)]^2 - [(x_1 - x_2)^2 + (y_1 - y_2)^2]\}$$

则这时将"1"码错误判为"0"的概率 P_{e_1} 为:

$$\begin{aligned} P_{e_1} &= P\{[(a + n_{1c})(a + n_{2c}) + n_{1s}n_{2s}] < 0\} \\ &= P\{[(2a + n_{1c} + n_{2c})^2 + (n_{1s} + n_{2s})^2 - \\ &\quad (n_{1c} - n_{2c})^2 - (n_{1s} - n_{2s})^2] < 0\} \end{aligned} \quad (5.74)$$

设

$$R_1 = \sqrt{(2a + n_{1c} + n_{2c})^2 + (n_{1s} + n_{2s})^2}$$

$$R_2 = \sqrt{(n_{1c} - n_{2c})^2 + (n_{1s} - n_{2s})^2}$$

则式(5.74)变为:

$$P_{e_1} = P \qquad (R_1 < R_2) \quad (5.75)$$

因为 $n_{1c}, n_{2c}, n_{1s}, n_{2s}$ 是相互独立的正态随机变量,故参见式(5.50)、式(5.51)及式(5.52)可知,这里的 R_1 为服从广义的瑞利分布的随机变量,而 R_2 为服从瑞利分布的随机变量,它们的概率密度分别为:

$$f(R_1) = \frac{R_1}{2\sigma_n^2} I_0\left(\frac{aR_1}{\sigma_n^2}\right) e^{-(R_1^2 + 4a^2)/(4\sigma_n^2)} \quad (5.76)$$

$$f(R_2) = \frac{R_2}{2\sigma_n^2} e^{-R_2^2/(4\sigma_n^2)} \quad (5.77)$$

将上两式应用式(5.75)中,则可得:

$$\begin{aligned} P_{e_1} &= \int_0^\infty f(R_1)\left[\int_{R_2 = R_1}^\infty f(R_2)\,\mathrm{d}R_2\right]\mathrm{d}R_1 \\ &= \int_0^\infty \frac{R_1}{2\sigma_n^2} I_0\left(\frac{aR_1}{\sigma_n^2}\right) e^{-(2R_1^2 + 4a^2)/(4\sigma_n^2)}\,\mathrm{d}R_1 \end{aligned} \quad (5.78)$$

仿照求解式(5.56)的方法,上式的结果为:

$$P_{e_1} = \frac{1}{2} e^{-r} \quad (5.79)$$

式中, $r = \dfrac{a^2}{2\sigma_n^2}$。

同理,可求得将"0"码错判为"1"码的错误概率 P_{e_2} 与式(5.79)一致。因此,2DPSK 差分相干检测系统的总误码率 P_e 为:

$$P_e = \frac{1}{2}e^{-r} \qquad (5.80)$$

例 5.3　假设采用 2DPSK 信号在微波线路上传送二进制信息。已知码元速率 $R_B = 10^6 \text{Bd}$，接收机输入端的高斯白噪声的单边功率谱密度 $n_0 = 2 \times 10^{-10} \text{W/Hz}$，现要求系统的误码率不大于 10^{-4}。试求采用差分相干解调时，接收机输入端的信号功率。

解　根据题意，可得：

由于
$$B \approx 2R_B$$

所以，接收端带通滤波器输出的噪声功率为：

$$\sigma_n^2 = n_0 B = 2R_B n_0 = 2 \times 2 \times 10^6 \times 10^{-10} = 4 \times 10^{-4} (\text{W})$$

根据式（5.80），可得误码率 P_e 与信噪比 r 的关系，即

$$P_e = \frac{1}{2}e^{-r} \leqslant 10^{-4}$$

所以

$$r = \frac{a^2}{2\sigma_n^2} \geqslant 8.52$$

故接收机输入端所需的信号功率为：

$$P_s = \frac{a^2}{2} \geqslant 8.52 \times \sigma_n^2 = 8.52 \times 4 \times 10^{-4} = 3.4 \times 10^{-3} = 5.32 (\text{dBm})$$

5.4　二进制数字调制系统的性能比较

在设计数字传输系统时，选择何种数字调制方式是十分重要的问题。但数字调制方式的选择往往是频带利用率、误比特率和设备实现的复杂性等因素综合考虑的结果。在前面已分别介绍了二进制数字调制系统的几种主要性能，比如系统的频带宽度、调制与解调方法及误码率等。下面就针对这几方面性能进行一简要比较：

5.4.1　有效性

对于有效性，可以从以下几个方面进行分析。就信号带宽而言，振幅键控（2ASK）和相对移相键控（2DPSK）都为：$B = 2f_s = 2R_B = 2R_b$，而移频键控（2FSK）为 $B = |f_{c1} - f_{c2}| + 2f_s$；就占用信道带宽而言，振幅键控（2ASK）和相对移相键控（2DPSK）最小为 f_s，移频键控（2FSK）最小为 $|f_{c1} - f_{c2}| + f_s$；就频带利用率而言，振幅键控（2ASK）和相对移相键控（2DPSK）为 $\frac{1}{1+\alpha}((\text{bit/s})/\text{Hz})(0 \leqslant \alpha \leqslant 1)$ 移频键控（2FSK）为 $\frac{1}{1+\alpha}((\text{bit/s})/\text{Hz})(0 \leqslant \alpha \leqslant 1)$。可见，2ASK、2DPSK 的有效性相同且优于 2FSK。

5.4.2　可靠性（误码率）

表 5.1 列出了前面得到的各种二进制数字调制系统的误码率 P_e 与信噪比 r 的关系。表 5.1 中，$r = a^2/2\sigma_n^2$ 为输入信噪比，其中，a 为接收信号幅度，σ_n^2 为噪声方差。

表 5.1　二进制系统误码率公式一览表

调制方式	解调方式	误码率 P_e	带　宽	判决门限
2ASK	相干解调	$\frac{1}{2}\mathrm{erfc}\frac{\sqrt{r}}{2}$	$2f_s$	$\frac{a}{2}$
	非相干解调	$\frac{1}{2}e^{-r/4}$		
2FSK	相干解调	$\frac{1}{2}\mathrm{erfc}\frac{\sqrt{r}}{2}$	$|f_2-f_1|+2f_s$	无
	非相干解调	$\frac{1}{2}e^{-r/2}$		
2PSK 和 2DPSK	相干解调	$\frac{1}{2}\mathrm{erfc}\sqrt{r}$	$2f_s$	0
	非相干解调	$\frac{1}{2}e^{-r}$		

从该表中可以看出：

①在抗加性高斯白噪声方面,2PSK 性能最好,2FSK 次之,2ASK 最差。

②对于三种调制方式,相干解调方式都略优于非相干解调。

5.4.3　对信道的敏感性

在选择数字调制方式时,还应考虑它的最佳判决门限对信道特性的变化是否敏感。在 2FSK 系统中,不需要人为地设置判决门限,它是直接比较两路解调输出的大小来做出判决。在 2PSK 系统中,判决器的最佳门限为零,与接收机输入信号的幅度无关。因此,它不随信道特性的变化而变化。这时,接收机容易保持在最佳判决门限状态。对于 2ASK 系统,判决器的最佳门限为 $a/2$(当 $P(1)=P(0)$ 时),它与接收机输入信号的幅度有关。当信道特性发生变化时,接收机输入信号的幅度 a 将随着发生变化;相应的判决器的最佳判决门限也将随之变化。这时,接收机不容易保持在最佳判决门限状态,从而导致误码率增加。因此,就对信道特性变化的敏感性而言,2ASK 的性能最差。

5.4.4　设备的复杂程度

对于三种调制(2ASK、2FSK、2PSK)方式,发送端设备的复杂程度相差不多,而接收端的复杂程度则与所选的调制和解调方式有关。对于同一种调制方式,相干解调的设备要比非相干解调时复杂;而同为非相干解调时,2DPSK 的设备最复杂,2FSK 次之,2ASK 最简单。

经过分析可知,在选择调制和解调方式时,要考虑的因素是很多的。通常只有对系统的要求做最全面的考虑,抓住主要的要求,才能做出比较恰当的选择。如果抗噪声性能是主要的,则应考虑相干 2PSK 和 2DPSK,而 2ASK 不可取;如果带宽是主要的,则应考虑相干 2PSK、2DPSK 及 2ASK,而 2FSK 不可取;如果设备的复杂性是主要的考虑因素,则非相干方式比相干方式更适合。目前,用得最多的数字调制方式是相干 2DPSK 和非相干 2FSK。相干 2DPSK 主要用于高速数据传输,非相干 2FSK 则用于中、低速数据传输,特别是在衰落信道中传输数据时,它有着广泛的应用。

5.5 多进制数字调制系统

为了在相同的码元传输速率下,使信息传输率提高,并且增加码元的能量,减小由于信道特性引起的码间干扰的影响等。使用多进制线性调制系统(MASK、MPSK、MFSK 等)来解决这些问题。在多进制数字调制中,在每个符号间隔 $0 \leqslant t \leqslant T_s$ 内,可能发送的符号有 M 种:$S_1(t)$,$S_2(t)$,…,$S_M(t)$。在实际应用中,通常取 $M = 2^n$,n 为大于 1 的正整数。当携带信息的参数分别为载波的幅度、频率或相位时,可以有 M 进制幅度键控(MASK)、M 进制频率键控(MFSK)或 M 进制相移键控之分;也可以把其中的两个参数组合起来调制。本节简单地介绍常用的ASK、PSK、MAPK 以及 FSK 的调制和解调原理。

5.5.1 多进制信号的特点

二进制信号是多进制信号的一个特例,由此可以通过与二进制信号的对比来说明多进制信号的特点。图 5.13 所示为单极性的二进制信号和四进制信号,这里假定它们的幅度是彼此相等的,即等于 A。

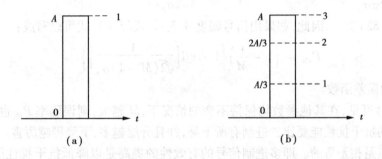

图 5.13 单极性的二进制和四进制信号

由图 5.13 可见,在二进制中有两种电平:即 0 和 A。通常将它们称为信号的 0 状态和 1 状态,但在四进制中却有四种信号电平:即 0、$A/3$、$2A/3$ 和 A。它们分别代表信号的 0、1、2 和 3 状态这四种状态。根据数字信号所包含信息量的定义知道,信息量 I 的大小决定于信号状态的数目,如假定各种信号状态是以等概率出现的,则

$$I = \log_a M \tag{5.81}$$

对于二进制,$M = 2$,$I = 1$bit;对于四进制,$M = 4$,$I = 2$1bit。因此,信号状态 M 越多,数字信号所包含的信息量 I 就越大。在相同的码元传输速率下,多进制数字调制系统的信息传输速率高于二进制数字调制系统;同时,在相同的信息速率下,多进制数字调制系统的码元传输速率低于二进制数字调制系统。此结论无论对单极性还是双极性多进制信号都是适用的。

多进制的第二个特点就是其抗干扰特性。对于双极性的 M 进制信号来说,判决可以设在 0、$\pm 2d$、$\pm 4d$、…、$\pm(M-2)d$ 等处,其中判决距离决定于:

$$d = \frac{A}{M-1} \tag{5.82}$$

如图 5.14 所示。

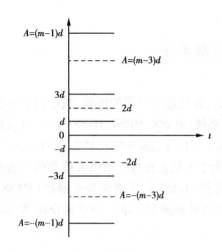

图 5.14　双极性多进制信号的判决门限

由图可见，量化后的信号电平分别处于 $\pm d$、$\pm 3d$、$\cdots$、$(M-1)d$ 位置，并且最后一层的电平正好等于信号幅度 $\pm A$（双极性）。信道噪声可能叠加在每一层电平上，但对于最低层电平 $[-(M-1)d]$，由于噪声的影响只能产生虚报错误，而不会造成漏报错误；相反，对于最高层电平 $[+(M-1)d]$，由于噪声的影响只能产生漏报错误，而不会造成虚报错误；至于其他各层电平由于信道噪声的影响，就有可能既产生虚报错误，又产生漏报错误。因此，在假定每层电平出现等概率 $1/M$ 的情况下，总共进行 $(M-1)$ 次判决最大可能产生的总误码率 P_{eM} 将决定于：

$$P_{eM} = (M-1)\frac{1}{M}(P_{e_1} + P_{e_2}) \qquad (5.83)$$

式中：$P_{e_1} = \dfrac{1}{\sqrt{2\pi}\sigma_n}\displaystyle\int_{+d}^{\infty} e^{-n^2/(2\sigma_n^2)}\,dn = \dfrac{1}{2}\left[1 + \mathrm{erf}\left(\dfrac{-d}{\sqrt{2}\sigma_n}\right)\right]$ 表示漏报概率；

$\qquad\quad P_{e_2} = \dfrac{1}{\sqrt{2\pi}\sigma_n}\displaystyle\int_{-\infty}^{-d} e^{-n^2/(2\sigma_n^2)}\,dn = \dfrac{1}{2}\left[1 - \mathrm{erf}\left(\dfrac{+d}{\sqrt{2}\sigma_n}\right)\right]$ 表示虚报概率。

式中，d 由式(5.82)决定，因此，如果用信号幅度 A 表示，式(5.83)式可以写成：

$$P_{eM} = \left(1 - \frac{1}{M}\right)\left\{1 - \mathrm{erf}\left[\frac{A}{\sqrt{2}(M-1)\sigma_n}\right]\right\} \qquad (5.84)$$

式中，$\mathrm{erf}(\,\cdot\,)$ 为误差函数。

由式(5.84)可见，在其他参数均保持不变的情况下，M 越大，则误码率 P_{eM} 也就越大。这就是说多进制的抗干扰性能要比二进制有所下降，并且分层越多，下降得越厉害。这个特点正好与第一个特点是相矛盾的。即多进制信号的有效性的提高是以降低抗干扰性能为代价的，由于多进制信号具有比较低的抗干扰能力，因而对传输信道的特性就要求比较严格，特别是要求降低信道噪声在实际应用中往往是有限制的。因此，实际上不可能传输 M 非常大的多进制信号。

5.5.2　多进制幅度键控(MASK)

多进制数字振幅调制(MASK)又称多电平调制，在相同的码元传输速率下，多电平调制信号的带宽与二电平的相同。M 进制幅度键控信号中，载波幅度有 M 种取值，每个符号间隔 T_s 内发送一种幅度的载波信号。M 进制幅度键控信号的时域表达式为：

$$S_{MASK}(t) = \left[\sum_n a_n g(t - nT_s)\right]\cos\omega_c t \qquad (5.85)$$

其中，$g(t)$ 基带信号波形，ω_c 为载波角频率，T_s 为信号间隔，a_n 为幅度值。a_n 可以有 M 种取值，$a_n \in \{A_i\}$，$i = 01,\cdots,M-1$，这 M 种取值的出现概率分别为 $P_0,P_1,\cdots,P_{M-1}$，可用下列概率场表示：

$$\begin{pmatrix} A_0 & A_1 & A_2 & \cdots & A_{M-1} \\ P_0 & P_1 & P_2 & \cdots & P_{M-1} \end{pmatrix}$$

$$\sum_{i=0}^{M-1} P_i = 1 \tag{5.86}$$

显然，MASK 的调制方法与 2ASK 相同，不同的只是基带信号由二电平变为多电平。MASK 中最简单的基带信号波形是矩形，为了限制信号频谱，也可以采用其他波形，如升余弦滚降信号或部分响应信号等。

MASK 信号可以采用包络检波或者相干解调的方法恢复基带信号。其原理与 2ASK 的完全一样。

采用相干解调时，MASK 信号的误符号率与 M 电平基带信号的误符号率相同为：

$$P_{S,MASK} = \frac{2(M-1)}{M} Q\left[\sqrt{\frac{3}{M^2-1}\left(\frac{S}{N}\right)}\right] \tag{5.87}$$

若信号的平均功率为 S，接收机带宽为 B（对于最佳接收时，接收机带宽与信号带宽一致），接收到的噪声功率 N 为 $N = n_0 B$，（式中，n_0 为噪声功率谱密度），则系统的信噪比 S/N 为：

$$\frac{S}{N} = \left(\frac{E_b}{n_0}\right)\left(\frac{R_s}{B}\right)$$

其中，R_s/B 为单位频带的比特率，它表示特定调制方案下的频带利用率，又称为频带效率。

设每隔 T_s 发送一个符号，则符号传输速率为 $R_s = 1/T_s$ (baud)，对于二进制调制，R_s 与信息传输速率 R_b 相等，即 $R_b = R_s$ (bit/s)。对于 M 进制，则有 $R_b = (1/T_s)\log_a M = R_s\log_a M$。

在理想情况下，单位频带最高波特率为 $\frac{R_s}{B} = 2$ (baud/Hz)，将其代入式(5.87)，可得理想情况下的误符号率为：

$$P_{S,MASK} = \frac{2(M-1)}{M} Q\left[\sqrt{\frac{6\log_a M}{M^2-1}\left(\frac{R_s}{n_0}\right)}\right] \tag{5.88}$$

5.5.3　多进制相位键控(MPSK)

多进制数字相位调制又称多相制。它是利用载波的多种不同相位（或相位差）来携带数字信息的调制方式。M 进制相移键控信号中，载波相位有 M 种取值，所对应的 M 种持续时间为 T_s 的符号可以表示为：

$$S_i(t) = \sqrt{\frac{2E_s}{T_s}}\cos(\omega_c t + \Phi_i), 0 \leq t \leq T_s, i = 0,1,\cdots,M-1 \tag{5.89}$$

式中，E_s 为单位符号的信号能量，即 $0 \leq t \leq T_s$ 时间间隔内的信号能量；ω_c 为载波的频率；Φ_i 为相位，有 M 种取值。对于矩形包络的 MPSK，其已调信号的时域表达式为：

$$S_{MPSK}(t) = \sum_n \sqrt{\frac{2E_s}{T_s}}\text{rect}(t - nT_s)\cos(\omega_c t + \Phi(n)) \tag{5.90}$$

其中，rect 表示矩形函数，即

$$\text{rect}(t) = \begin{cases} 1, & 0 \leq t \leq T_s \\ 0, & \text{其他} \end{cases}$$

$\phi(n)$ 为载波在 $t = nT_s$ 时刻的相位，$\phi(n) \in \{\phi_i\}$，$i = 0,1,\cdots,M-1$ 它的 M 种取值通常为等间隔，即

$$\phi_i = \frac{2\pi i}{M} + \theta, i = 0, 1, \cdots, M - 1 \tag{5.91}$$

式中，θ 为初相位。ϕ 出现的概率由下列概率场表示：

$$\begin{pmatrix} \phi_1, & \phi_2, & \phi_3, & \cdots, & \phi_M \\ P_1, & P_2, & P_3, & \cdots, & P_M \end{pmatrix}$$

$$\sum_{i=1}^{M} P_i = 1 \tag{5.92}$$

将式(5.90)展开，并假设 $\theta = 0$，且令

$$a_n = \sqrt{\frac{2E_s}{T_s}} \cos\phi(n)$$

$$b_n = \sqrt{\frac{2E_s}{T_s}} \sin\phi(n)$$

则

$$S_{\mathrm{MPSK}}(t) = \Big[\sum_n a_n \mathrm{rect}(t - nT_s) \Big] \cos\omega_c t - \Big[\sum_n a_n \mathrm{rect}(t - nT_s) \Big] \sin\omega_c t \tag{5.93}$$

由此可见，MPSK 信号可以看成是对两个正交载波进行电平双边带调制后所得两路 MASK 信号的叠加。因此，MPSK 信号的频带宽度应与 MASK 时的相同。

MPSK 调制中最常用的是 4PSK 又称 QPSK。QPSK 正交调制器方框图如图 5.15 所示。

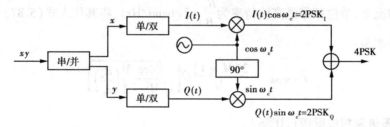

图 5.15 QPSK 正交调制器方框图

串/并输入信号码速率等于 R_b，输出信号码速率等于 $\frac{1}{2}R_b$。$X, Y, I(t), Q(t)$ 信号的码元宽度为 $2T_s$，T_s 为二进制信号码之宽度。

$$4\mathrm{PSK} = 2\mathrm{PSKI} + 2\mathrm{PSK} \tag{5.94}$$

MPSK 信号可以用两个正交的载波实现相干解调。以 QPSK 为例，它的相干解调器如图 5.16 所示。

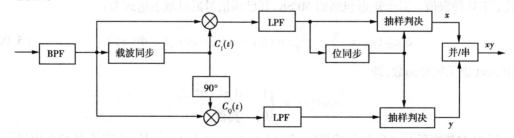

图 5.16 QPSK 的相干解调器

当 $C_I(t) = \cos\omega_c t, C_Q(t) = \sin\omega_c t$ 时,可正确解调,在进行解调时应注意恢复载波时存在相位模糊度问题,这时可采用相对调相的方法来解决这个问题。通常的做法是:在将信息串/并变换时,同时进行逻辑运算,将其编为多进制差分编码,然后再用绝对调相的调制器实现调制。也同样可以采用相干解调和差分译码的方法。

5.5.4 多进制频率键控(MFSK)

多进制频率键控简称多频制,它基本上是二进制数字频率键控的直接推广。在 MFSK 中,M 种发送符号可表达为:

$$S_i(t) = \sqrt{\frac{2E_s}{T_s}}\cos\omega_c t, 0 \leq t \leq T_s, i = 0, 1, \cdots, M - 1 \tag{5.95}$$

式中,E_s 为单位符号的信号能量,ω_c 为载波角频率,有 M 种取值。

通常令载波频率 $f_i = 2\pi\omega_c = \dfrac{n}{2T_s}$,$n$ 为正整数。因此,M 种发送信号互相正交,即

$$\int_0^{T_s} S_i(t)S_j(t)\mathrm{d}t = 0, i \neq j \tag{5.96}$$

由此,正交 MPSK 相干解调时,其最佳接收机可由 M 个相关器并联组成。但相干解调比较复杂,要求有精确相位的参考信号,因而在正交 MFSK 中很少用相干解调,常采用非相干解调。图 5.17(a)、(b)分别给出了 MFSK 调制器和非相干解调器方框图。调制器是用频率选择法实现的,M 种频率由 $\log_a M$ 位输入信息确定。解调器则由 M 个带通滤波器后接 M 个包络检波器组成。

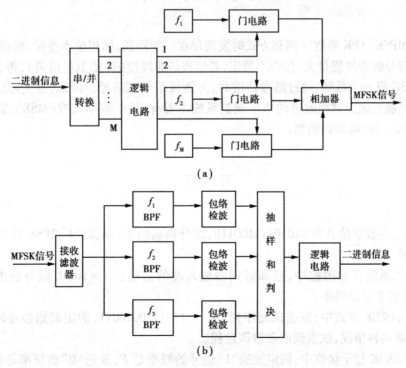

图 5.17　MFSK 调制器和非相干解调器

正交 MFSK 信号相干解调时,在加性白色高斯噪声信道的情况下,其误码号率为:

$$P_{\mathrm{S,MFSK}} = 1 - \frac{1}{\sqrt{2\pi}}\int_{-\infty}^{\infty} e^{-\frac{u^2}{2}}\left[1 - Q\left(u + \frac{2E_s}{n_0}\right)\right]^{M-1} du \tag{5.97}$$

式中,E_s 为平均信号能量,n_0 为噪声功率谱密度。由式(5.97)可知,在误符号率较低时,所要求的 E_b/n_0 随 M 增大而减小,这与 MASK 和 MPSK 时不同,事实上,这是用增加带宽换来的。

5.5.5　多进制振幅相位联合键控(MAPK)系统

为了提高多进制系统的功率利用率,可以将振幅键控和相位键控方式结合起来,称为多进制振幅相位联合键控(MAPK)方式。目前振幅相位联合键控正得到日益广泛的应用,其发送信号的表达式为:

$$\begin{aligned} e_0(t) &= \sum_n A_n g(t - nT_s)\cos(\omega_c t + \varphi_n) \\ &= \sum_n X_n g(t - nT_s)\cos\omega_c t + \sum_n Y_n g(t - nT_s)\sin\omega_c \end{aligned} \tag{5.98}$$

式中,$X_n = A_n\cos\varphi_n$,$Y_n = -A_n\sin\varphi_n$。

在振幅相位联合键控(MAPK)时要注意相位模糊问题,由于 MAPK 信号谱中无 f_c 离散谱,载波同步器需对 MAPK 做非线性处理(如四次方处理),故提取的相干载波存在 4 种相位,所以,必须对信息代码进行码变换后再进行 MQAM 调制,收端解调后再进行码反变换。

5.6　改进的数字调制方式

在讨论 MPSK、APK 等数字调制方式时发现存在一些问题,如相位不连续、频谱衰减慢,发滤波器输出信号的带外能量大、包络不恒定,若信道是非线性的(如卫星信道),将会产生非线性失真。MPSK 只一个载频,通过随参信道时,可能将信号衰落掉。所以,在实际应用中常用改进的数字调制系统。常用改进的数字调制系统主要有:最小频率键控(MSK)、高斯最小移频键控(GMSK)及时频编码调制。

习　题

5.1　设发送数字信息为 01010111100110,试分别画出 2ASK、2FSK、2PSK 及 2DPSK 信号的波形示意图。

5.2　在二进制移相键控中,已知解调器输入端的信噪比 $r = 10\,\mathrm{dB}$,试分别求相干解调 2PSK、2DPSK 的系统误码率。

5.3　在 2DPSK 方式中,发送二元序列 $\{b_k\} = 1101110010011$,假定起始参考码元分别为 "1"或"0"码的两种情况,试求调制和解调过程。

5.4　在 2ASK 相干接收中,假定发送"1"信号的概率是 P,发送"0"的概率是 $(1-P)$,试求误码率公式。

5.5　设某 2FSK 调制系统的码元传输率为 1 000 Baud,已调信号的载频为 1 000 Hz 或

2 000Hz。

①若发送数字信号为 011101,试画出相应的 2FSK 信号波形;

②讨论这时的 2FSK 信号应选择怎样的解调器解调。

5.6 在差分相干接收的移相键控中,传输的差分码是 01111001001000011110101110,并设差分码的第一位规定为 0。试求出下列两种情况下原有的数字信号:

①规定遇到数字信号(a_k)为 1 时,差分码保持前位信号不变,否则,改变前位信号。

②规定遇到数字信号(a_k)为 0 时,差分码保持前位信号不变,否则,改变前位信号。

5.7 假设在某 2DPSK 系统中,载波频率 2 400Hz 为 1 200Baud,已知相对码序列为 11100011。

①试画出 2DPSK 信号波形(相位偏移可以自行假设);

②若采用差分相干解调法接收该信号时,试画出解调系统的各点波形。

5.8 试从二进制数字调制系统的频带宽度、调制与解调以及误码率等角度分析一下各种系统的特点。

5.9 用二进制码来传送多进制数字,假定 $k=5$,脉冲持续时间 $T_M=5\mu s$,二进制码误码率 $P_{eb}=10^{-4}$,平均每 10s 内发生的错误比特数是多少?

5.10 某多进制信号 $M=32$,脉冲持续时间 $T_M=5\mu s$。如果采用多元频率调制,则需要的频带宽度是多少? 如果采用振幅键控,则所需的频带宽度是多少?

第 **6** 章
模拟信号的数字传输

通信系统可以分为模拟和数字通信系统两大类。数字通信具有许多优点,应用日益广泛,已成为现代通信的主要发展趋势。现今通信中的许多业务,其信源信号是模拟的,为了在数字通信系统中传输模拟信号,需要首先将信源发出的模拟信号转换为数字信号。本章讨论如何用数字通信系统传输模拟信号。主要内容有:抽样、量化和编码的基本理论;脉冲振幅调制(PAM)、脉冲编码调制(PCM)和增量调制(ΔM)的原理及性能;时分复用和多路数字电话系统的原理。

6.1 模拟信号的数字传输

为了在数字通信系统中传输模拟信号,发送端首先应将模拟信号抽样,使其成为一系列离散的抽样值(模拟量),然后再将抽样值量化为相应的量化值,并经编码变换成数字信号,用数字方式传输,在接收端则相应地将接收到的数字信号恢复成模拟信号。模拟信号的数字传输方框图如图6.1所示。

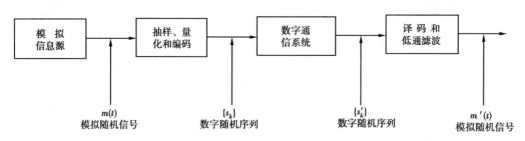

图 6.1 模拟信号的数字传输方框图

6.2　抽样定理

抽样定理是模拟信号数字化的理论基础。

6.2.1　低通型信号的抽样定理

定理　一个频带限制在 $(0, f_H)$ Hz 内的时间连续信号 $m(t)$，如果以小于或等于 $1/(2f_H)$ 的时间间隔对它进行等间隔抽样，则可以由抽样序列无失真地恢复原始信号 $m(t)$。

该定理也可描述为：一个频带限制在 $(0, f_H)$ Hz 内的时间连续信号 $m(t)$，如果以大于或等于 $2f_H$ 的抽样速率对它进行等间隔抽样，则可以由抽样序列无失真地恢复原始信号 $m(t)$。

如抽样间隔 $T_s = 1/(2f_H)$，则 T_s 被称为奈奎斯特(Nyquist)间隔。如抽样速率 $f_s = 1/T_s$，则 f_s 被称为奈奎斯特(Nyquist)速率。

由抽样定理可知，若抽样速率 $f < f_s$（或抽样间隔 $T > T_s$），则会产生失真，这种失真称为混叠失真。

现利用傅立叶变换的基本性质，以时域和频域对照的直观图形，说明该抽样定理。

设模拟信号 $m(t)$ 是一个频带限制在 $(0, f_H)$ Hz 内的时间连续信号，即 $m(t)$ 的频谱 $M(\omega)$ 的带宽 $\omega_H = 2\pi f_H$。如采用周期为 T_s 的周期性冲激函数 $\delta_{Ts}(t)$，对模拟信号 $m(t)$ 进行抽样，则已抽样信号 $m_s(t)$ 可表示为：

$$m_s(t) = m(t)\delta_{Ts}(t) \tag{6.1}$$

根据傅立叶变换的卷积定理，由 (6.1) 式可得 $m_s(t)$ 的频谱 $M_s(\omega)$ 为：

$$M_s(\omega) = \frac{1}{2\pi}\Big[M(\omega) * \delta_T(\omega) \Big] = \frac{1}{T_s}M(\omega) + \frac{1}{T}\sum_{\substack{n=-\infty \\ n\neq 0}}^{\infty} M(\omega - 2n\omega_s) \tag{6.2}$$

式中：　$M(\omega)$——$m(t)$ 的傅立叶变换；

　　　　$\omega_s = 2\pi/T_s$——抽样频率。

式 (6.2) 中的第二项是 $M(\omega)$ 的周期性重复，其重复周期为 ω_s。如抽样间隔满足抽样定理，即 $T_s \leqslant \dfrac{1}{2f_H}$，则这些周期性重复的频谱不发生重叠。如果让 $M_s(\omega)$ 通过截止频率为 ω_H 的低通滤波器 $D_{2\omega_H}(\omega)$，则式 (6.2) 中的第二项被滤除，只留下第一项，便可得到频谱 $M(\omega)$，即

$$M(\omega) = T_s M_s(\omega) D_{2\omega_H} \tag{6.3}$$

以上过程可用图 6.2 来说明。由图 6.2 可看出，在满足取样定理的条件下，一个模拟信号经过抽样可以得到离散的抽样序列，用一低通滤波器便可由这抽样序列恢复出原始模拟信号。

实际的模拟信号不是频带受限的基带信号，不满足取样定理，经过抽样得到的抽样序列的频谱将发生频谱混叠现象，如图 6.3 所示。由于大多数基带信号的主要能量集中在有限的频带内，在对基带信号抽样前，可用一低通滤波器先对其进行低通滤波，这样虽然会损失一定的分量，但只要合理地选择该低通滤波器的截止频率，损失可以小到忽略的程度。然后对经过预处理的信号进行抽样，就可以避免混叠现象。为了使接收端的低通滤波器易于制造，在选择抽样间隔时，应使其略低于奈奎斯特间隔。例如，语音信号经低通滤波后，频带已限制在 300 ~ 3 400 Hz 内，取样速率通常选择为 8 000 Hz，略大于 6 800 Hz。

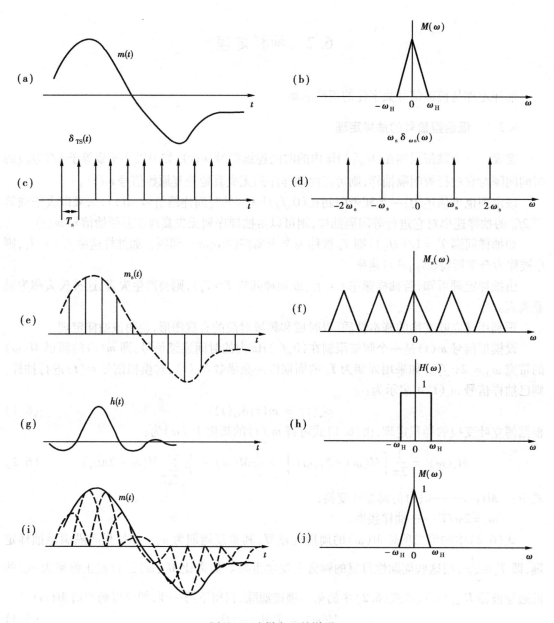

图 6.2　取样定理的说明

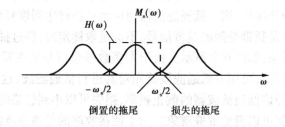

图 6.3　混叠现象

例 6.1 已知一低通信号 $m(t)$ 的频谱为：

$$M(f) = \begin{cases} 1 - \dfrac{|f|}{200}, & |f| < 200 \\ 0, & \text{其他} \end{cases}$$

① 设以 $f_s = 300\text{Hz}$ 的速率对 $m(t)$ 进行抽样，试画出已抽样信号 $m_s(t)$ 的频率草图；

② 若用奈奎斯特速率对其进行抽样，重做上题。

解 ① 已抽样信号 $m_s(t) = m(t)\delta_T(t)$

其傅立叶变换为：

$$M_s(\omega) = \frac{1}{2\pi}M(\omega) * \frac{2\pi}{T}\sum_{n=-\infty}^{\infty}\delta(\omega - n\omega_s) = \frac{1}{T}\sum_{n=-\infty}^{\infty}M(\omega - n\omega_s)$$

$$= f_s\sum_{n=-\infty}^{\infty}M(\omega - n\omega_s) = 300\sum_{n=-\infty}^{\infty}M(\omega - 600n\pi), \quad \omega_s = 2\pi f_s$$

其频谱如图 6.4(a) 所示。

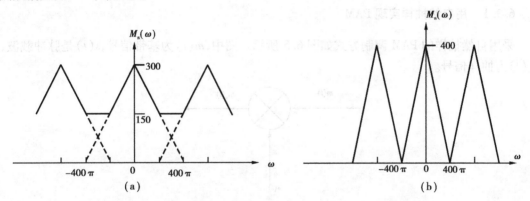

图 6.4 抽样序列的频谱草图

② 由抽样定理，奈奎斯特速率 $f_s = 2 \times 200 = 400(\text{Hz})$，按照①的步骤可得：

$$M_s(\omega) = 400\sum_{n=-\infty}^{\infty}M(\omega - 800n\pi)$$

其频谱如图 6.4(b) 所示。

由图 6.4(a) 可见，当抽样速率小于奈奎斯特速率时(即抽样间隔大于奈奎斯特间隔时)，抽样序列的频谱发生混叠。由图 6.4(b) 可见，当抽样速率等于奈奎斯特速率时(即抽样间隔等于奈奎斯特间隔时)，相邻频谱块只在 X 轴上有一相交点，抽样序列的频谱块恰好不发生混叠，可通过低通滤波器恢复原模拟信号。如果抽样速率大于奈奎斯特速率时(即抽样间隔小于奈奎斯特间隔时)，相邻频谱块无交点，相互分开，抽样序列的频谱块也不发生混叠，可通过低通滤波器恢复原模拟信号。

6.2.2 带通型信号的抽样定理

定理 若带通型模拟信号的最高频率为 f_H，最低频率为 f_L，其带宽 $B = (f_H - f_L)$ 与 f_H 的关系可以表示为：

$$f_H = nB + kB \tag{6.4}$$

式中，n 是小于 f_H / B 的最大整数，则最低无失真抽样频率 f_s 应满足：

$$f_{s} = 2(f_{H} - f_{L})\left(1 + \frac{k}{n}\right) = 2B\left(1 + \frac{k}{n}\right) = \frac{2f_{H}}{n} \tag{6.5}$$

6.3　脉冲振幅调制(PAM)

脉冲调制是采用时间上离散的脉冲串作为载波的调制方式,可分为脉冲振幅调制(PAM)、脉冲宽度调制(PDM)和脉冲相位调制(PPM)。

PAM 是脉冲载波的幅度随基带信号变化的一种调制方式。如果脉冲载波是由冲激脉冲组成的,则抽样定理就是脉冲振幅调制的原理。

由于真正的冲激脉冲串不能实现,在实际应用中,通常只能采用窄脉冲串作为载波来实现 PAM,因而研究 PAM 具有实际意义。PAM 包括自然抽样和瞬时平顶抽样。

6.3.1　用自然抽样实现 PAM

采用自然抽样的 PAM 调制方式如图 6.5 所示。图中,$m(t)$ 为基带信号,$s(t)$ 是脉冲载波,$m_s(t)$ 为抽样信号。

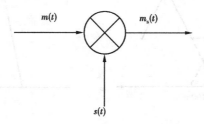

图 6.5　采用自然抽样的 PAM 的方框图

PAM 的波形及频谱如图 6.6 所示。图中,$m(t)$ 为带宽为 B(单位:Hz)的基带信号,其波形及频谱如图 6.6(a)、(b)所示。$s(t)$ 是脉冲载波,它由宽度为 τ,幅度为 A,周期为 T 的矩形脉冲串组成,其波形及频谱如图 6.6(c)、(d)所示。已抽样信号 $m_s(t)$ 为:

$$m_{s}(t) = m(t)s(t) \tag{6.6}$$

已抽样信号 $m_s(t)$ 的频谱 $M_s(\omega)$ 为:

$$M_{s}(\omega) = \frac{1}{2\pi}\left[M(\omega) * S(\omega)\right] = \frac{A\tau}{T_{s}}\sum \mathrm{Sa}(n\tau\omega_{s})M(\omega - n\omega_{s}) \tag{6.7}$$

如果抽样周期 $T_s = \dfrac{1}{2B}$,则 $\omega_s = 4\pi B$,抽样序列的频谱不发生重叠,$m_s(t)$ 的波形及频谱 $M_s(\omega)$ 如图 6.6(e)、(f)所示。比较式(6.2)和式(6.7)可以看出,采用矩形窄脉冲抽样的频谱与采用冲激脉冲抽样(理想抽样)的频谱很类似,区别仅在于其包络按辛格函数 $\mathrm{Sa}(x)$ 逐渐衰减。由于在 $n = 0$ 时,$\mathrm{Sa}(n\tau\omega_s)$ 为常数,所以采用低通滤波器就可以从 $M_s(\omega)$ 中滤出(解调)原频谱 $M(\omega)$。这表明,脉冲振幅调制及其解调过程与理想抽样时的一样。

6.3.2　用平顶抽样实现 PAM

实际取样时,在下列两种情况下要求样值脉冲宽度 τ 足够大,而且是平顶脉冲:一种情况

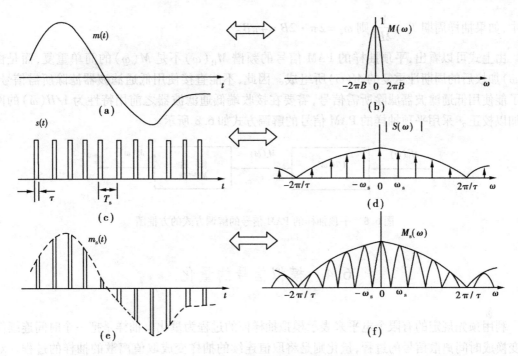

图 6.6　PAM 的波形及频谱

是发送端编码量化时,要求输入样值脉冲在编码期间幅度保持恒定,且编码量化运算需要一定时间;另一种情况是接收端为了减小取样衰减,希望样值脉冲的宽度 τ 足够大。这时需要用平顶抽样实现 PAM。

采用平顶抽样的 PAM 调制信号的产生方式如图 6.7(a)所示,图中 $H(\omega)$ 为脉冲形成电路的传输特性,输出信号 $m_{\mathrm{H}}(t)$ 的波形如图 6.7(b)所示。$m_{\mathrm{H}}(t)$ 的频谱 $M_{\mathrm{H}}(\omega)$ 可以表示为:

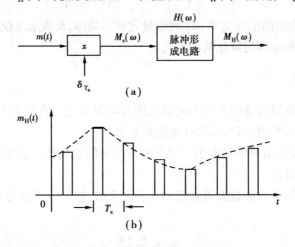

图 6.7　采用平顶抽样的 PAM 调制

$$M_{\mathrm{H}}(\omega) = M_{\mathrm{s}}(\omega)H(\omega) = \left[\frac{1}{T_{\mathrm{s}}}\sum_{n=-\infty}^{\infty} M(\omega - n\omega_{\mathrm{s}})\right]H(\omega) = \frac{1}{T_{\mathrm{s}}}\sum_{n=-\infty}^{\infty} M(\omega - n\omega_{\mathrm{s}})H(\omega)$$

(6.8)

117

式中,如果抽样周期 $T_s = \dfrac{1}{2B}$,则 $\omega_s = 2\pi \cdot 2B = 4\pi B$。

由上式可以看出,平顶抽样的 PAM 信号的频谱 $M_H(\omega)$ 不是 $M(\omega)$ 的简单重复,而是由 $H(\omega)$ 加权后的周期性重复的 $M(\omega)$ 所组成。因此,不能直接使用低通滤波器滤除所需信号。为了能使用低通滤波器滤除所需信号,需要在接收端低通滤波器之前用特性为 $1/H(\omega)$ 的网络加以校正。采用平顶抽样的 PAM 信号的解调方式如 6.8 所示。

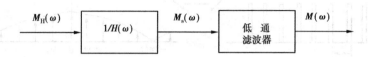

图 6.8　平顶抽样的 PAM 信号的解调方式的方框图

6.4　模拟信号的量化

利用预先规定的有限个电平来表示模拟抽样值的过程为量化。抽样是把一个时间连续信号变换成时间离散信号的过程,量化则是将取值连续的抽样变成取值离散的抽样的过程。对模拟抽样值的量化过程会产生误差,称为量化误差,通常用均方误差来度量。由于这种误差的影响,相当于干扰和噪声,故又称为量化噪声。量化后的信号 $m_q(t)$ 与原信号 $m(t)$ 近似程度的好坏,通常用信号量化噪声功率比来衡量,它被定义为:

$$\frac{S_q}{N_q} = \frac{E\left[m_q^2(kT_s)\right]}{E\left[m(kT_s) - m_q(kT_s)\right]^2} \tag{6.9}$$

式中,S_q 表示量化器输出的信号功率,N_q 表示量化噪声功率,E 表示求统计平均。

量化有均匀量化和非均匀量化两种方式。

6.4.1　均匀量化

把输入信号的取值域按等距离分割的量化称为均匀量化。在均匀量化中,每个量化区间的量化电平均取在各区间的中点,其原理如图 6.9 所示。

图 6.9 中,"●"表示信号的实际值,"△"表示信号的量化值。信号的实际值和信号的量化值之间的差为量化误差。

假如输入信号的最小值和最大值分别用 a 和 b 表示,量化电平数为 M,则均匀量化时的量化间隔为:

$$\Delta v = \frac{b - a}{M} \tag{6.10}$$

量化器输出 $m_q(t)$ 为:

$$m_q = q_i, \qquad \text{当 } m_{i-1} < m \leqslant m_i \tag{6.11}$$

式中,m_i 为第 i 个量化区间的终点为:

$$m_i = a + i\Delta v \tag{6.12}$$

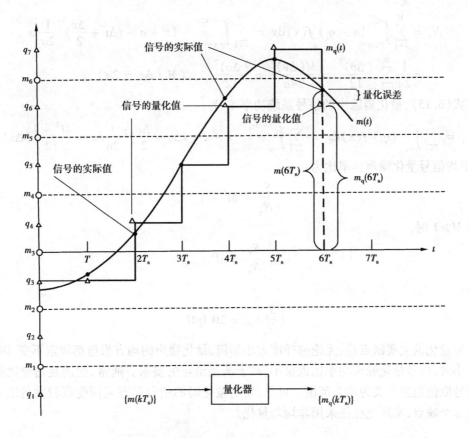

图 6.9　均匀量化过程

q_i 为第 i 个量化区间的量化电平为:

$$q_i = \frac{m_i + m_{i-1}}{2}, \quad i = 1, 2, \cdots, M \tag{6.13}$$

假设输入信号 $m(t)$ 是概率密度为 $f(x)$ 的随机过程,则量化噪声功率 N_q 为:

$$N_q = E\left[(m - m_q)^2 \right] = \int_a^b (x - m_q)^2 f(x) \, \mathrm{d}x$$

$$= \sum_{i=1}^M \int_{m_{i-1}}^{m_i} (x - q_i)^2 f(x) \mathrm{d}x \tag{6.14}$$

量化器输出的信号系统功率 S_q 为:

$$S_q = E\left[(m_q)^2 \right] = \int_a^b (m_q)^2 f(x) \mathrm{d}x = \sum_{i=1}^M \int_{m_{i-1}}^{m_i} (q_i)^2 f(x) \mathrm{d}x \tag{6.15}$$

例 6.2　设一 M 个量化电平的均匀量化器,其输入信号在区间 $[-a, a]$ 具有均匀概率密度函数,试求该量化器输出端的平均信号功率与量化噪声功率比(量化信噪比)。

解　由题意可得:

$$\Delta v = \frac{2a}{M} \qquad\qquad f(x) = \frac{1}{2a}$$

$$q_i = -a + i\Delta v - \frac{\Delta v}{2} \qquad\qquad m_i = -a + i\Delta v$$

由式(6.14),量化噪声功率 N_q 为:

$$N_q = \sum_{i=1}^{M} \int_{m_{i-1}}^{m_i} (x - q_i)^2 f(x)\,\mathrm{d}x = \sum_{i=1}^{M} \int_{-a+(i-1)\Delta v}^{-a+i\Delta v_i} \left(x + a - i\Delta v + \frac{\Delta v}{2}\right)^2 \frac{1}{2a}\mathrm{d}x$$

$$= \frac{1}{2a} \sum_{i=1}^{M} \frac{(\Delta v)^3}{12} = \frac{M(\Delta v)^3}{24a} = \frac{(\Delta v)^2}{12} \qquad (M \cdot \Delta v = 2a)$$

由式(6.15),量化器输出的信号系统功率 S_q 为:

$$S_q = \sum_{i=1}^{M} \int_{m_{i-1}}^{m_i} (q_i)^2 f(x)\,\mathrm{d}x = \sum_{i=1}^{M} \int_{-a+(i-1)\Delta v}^{-a+i\Delta v_i} \left(-a + i\Delta v - \frac{\Delta v}{2}\right)^2 \frac{1}{2a}\mathrm{d}x = \frac{M^2-1}{12}(\Delta v)^2$$

所以,平均信号量化噪声功率比为:

$$\frac{S_q}{N_q} = M^2 - 1$$

当 $M \geqslant 1$ 时,

$$\frac{S_q}{N_q} \approx M^2$$

或写为:

$$\left(\frac{S_q}{N_q}\right)_{db} = 20\lg M$$

均匀量化的主要缺点是:无论抽样值大小如何,量化噪声的均方根值都固定不变,因此,当信号较小时,信号量化噪声功率比也很小,难于满足给定的要求。通常,把满足信噪比要求的输入信号取值范围定义为动态范围。可见,均匀量化时的信号动态范围受到较大的限制。为了克服这个缺点,实际上往往采用非均匀量化。

6.4.2 非均匀量化

非均匀量化是根据信号的不同区间来确定量化间隔的。对于信号取值小的区间,其量化间隔也小;反之,量化间隔就大。它与均匀量化相比,有两个突出的优点:首先,当输入量化器的信号具有非均匀分布的概率密度(实际中常常是这样)时,非均匀量化器的输出端可以得到较高的平均信号量化噪声功率比;其次,非均匀量化时,量化噪声功率的均方根值基本上与信号抽样值成比例。因此,量化噪声对大小信号的影响大致相同,即改善了小信号时的量化信噪比。实际中,非均匀量化的实现方法通常是将抽样值通过压缩再进行均匀量化,通常使用的压缩器中,大多采用对数式压缩。目前,对于语音信号,广泛地采用由国际电报电话咨询委员会(CCITT)建议的两种对数压缩律:μ 压缩律和 A 压缩律。它们都是具有对数特性的通过原点呈中心对称的曲线,为了简化图形,一般只画出第一象限的图形。美国采用 μ 压缩,我国及欧洲各国采用 A 压缩律。它们的定义为:

μ 压缩律: $\qquad y = \dfrac{\ln(1+\mu x)}{\ln(1+\mu)}, \qquad 0 \leqslant x \leqslant 1 \qquad\qquad (6.16)$

A 压缩律: $\qquad y = \begin{cases} \dfrac{Ax}{1+\ln A}, & 0 \leqslant x \leqslant \dfrac{1}{A} \\[3mm] \dfrac{1+\ln Ax}{1+\ln A}, & \dfrac{1}{A} \leqslant x \leqslant 1 \end{cases} \qquad (6.17)$

式(6.16)和式(6.17)中,x 和 y 分别是归一化的压缩器输入和输出电压,μ 和 A 为压扩参数,表示压缩的程度。

由于按式(6.16)和式(6.17)得到的 μ 律和 A 律压扩特性是连续曲线,在电路上实现这样的函数规律是相当复杂的。实际中,往往采用近似于 μ 律和 A 律函数规律的分段折线压扩特性。

图 6.10 所示为近似于 A 压缩律的 13 折线 A 律($A = 87.6$)的压扩特性曲线。13 折线 A 律主要用于英、法、德等欧洲各国的 PCM30/32 路基群中,我国的 PCM30/3 路基群中也采用 13 折线 A 律。CCITT 建议 G711 中规定 13 折线 A 律为国际标准之一,且在国际通信中都一致采用 A 律。因此,本章主要讨论 13 折线 A 律。

在图 6.10 中,x 和 y 分别表示归一化输入和输出幅度,将 x 轴的区间(0,1)不均匀地分为 8 段,分段规律是每一次以 1/2 取段。然后每一段再均匀地分为 16 等份,每一等份作为一个量化层。于是,在 0 ~ 1 区间内共有 $8 \times 16 = 128$ 个量化层,各段上的阶距不相等。同样,把 y 轴在(0,1)区间均匀在分为 8 段,每一段再分为 16 等份。因而,y 轴在(0,1)区间内也被分为 128 个量化层,这些量化层是均匀的。最后,将 x 轴和 y 轴相应的交点连接起来,得到 8 个折线段。由于第一、二段的折线斜率相等,故可连成一条直线。实际得到 7 条不同斜率的折线。再考虑到原点上下各有 7 段折线,负方向的 1、2 段与正方向的 1、2 段斜率相等,因此可连成一线段,于是,共有 13 段折线。在原点上,折线的斜率为 16,与 A 律在 $A = 87.6$ 相等。

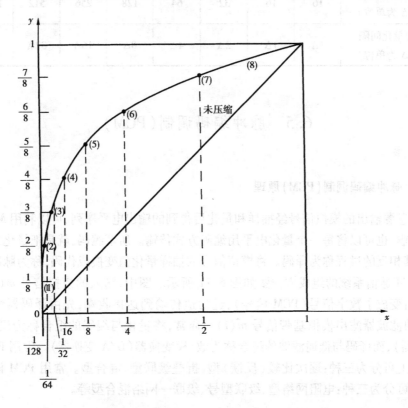

图 6.10　13 折线 A 律($A = 87.6$)的压扩特性曲线

在 13 折线编码方法中,第一、二段最短,每一小段归一化长度为 1/2 048,即一个最小量化间隔(或称为最小量化单位),记为"Δ",即 $\Delta = 1/2\ 048 = 2^{-11}$;第八段最长,每一小段归一化长度为 $64\Delta = 1/32$。采用 13 折线编码方法,在保证小信号区间量化间隔相同的条件下,7 位非线性编码与 11 位线性编码等效。由于非线性编码的码位数减少,因此设备简化,所需传输系统带宽减小。

表 6.1 显示了 A 律 13 折线逼近 A 律($A=87.6$)匀滑曲线的程度,并列出了在不同段落内的量化级间隔和不同段落对应的起始电平。由表 6.1 可看出,A 律 13 折线与 A 律($A=87.6$)匀滑曲线的逼近程度很好。

表 6.1 A 律 13 折线逼近 A 律匀滑曲线

y(归一化值)	0	1/8	2/8	3/8	4/8	5/8	6/8	7/8	1
x(归一化值) A 律准确值	0	1/128	1/60.1	1/30.6	1/15.4	1/7.79	1/3.93	1/1.98	1
x(归一化值) 13 折线值	0	2^{-7}	2^{-6}	2^{-5}	2^{-4}	2^{-3}	2^{-2}	2^{-1}	2^0
段号	1	2	3	4	5	6	7	8	
斜率	16	16	8	4	3	1	0.5	0.25	
各段长度 (以 Δ 为单位)	16	16	32	64	128	256	512	1 024	
段内量化间隔 (以 Δ 为单位)	1Δ	1Δ	2Δ	4Δ	8Δ	16Δ	32Δ	64Δ	

6.5 脉冲编码调制(PCM)

6.5.1 脉冲编码调制(PCM)原理

模拟信息源输出的模拟信号经抽样和量化后得到的输出电平序列,可以利用 M 进制 PAM 直接进行传输,也可以将每一个量化电平用编码方式传输。所谓编码,就是把量化后的信号变换成代码,其相反的过程称为译码。将模拟信号的抽样量化值变换成代码,称为脉冲编码调制(PCM)。PCM 通信系统的组成方框图如图 6.11 所示。图中,输入的模拟信号 $m(t)$ 经抽样、量化、编码后变成了数字信号(PCM 信号),经信道传输到达接收端,先由译码器恢复出抽样值,再经低通滤波器滤出模拟基带信号 $\hat{m}(t)$。通常,将量化与编码的组合称为模/数变换器(A/D 变换器),而译码与低通滤波的组合称为数/模变换器(D/A 变换器)。常用 PCM 编码器的种类大体上可分为三种:逐次比较(反馈)型、折叠级联型、混合型。常用 PCM 译码器的种类大体上也可分为三种:电阻网络型、级联型号、级联—网络混合型等。

6.5.2 码型选择与码位安排

(1)码型选择

常用的二进制码型有自然二进制码和折叠二进制码两种,如表 6.2 所列。如果把表 6.2 中的 16 个量化级分成两部分:0 ~ 7 的 8 个量化级对应于负极性的样值脉冲;8 ~ 15 的 8 个量

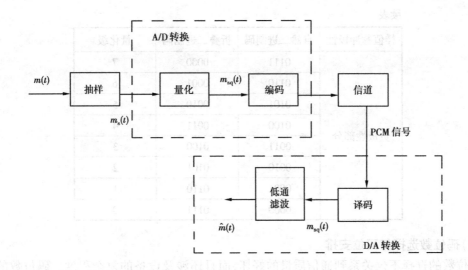

图 6.11　PCM 通信系统方框图

化级对应于正极性的样值脉冲。显然,对于自然二进制码上下两部分的码型无任何相似之处。但折叠二进制码除去最高位外,其上半部分与下半部分呈倒影关系——折叠关系。最高位上半部分为全"1",下半部分为全"0"。这种码的使用特点是:对于双极性信号(话音信号通常是双极性信号),可用最高位去表示信号的正、负极性,而用其余的码位去表示信号的绝对值,即只要正、负极性信号的绝对值相同,则可进行相同的编码。这就是说,用第一位码表示极性后,双极性信号可以采用单极性编码方法。因此,采用折叠二进制码可以大大地简化编码过程。

折叠二进制码和自然二进制码相比,另一个优点是:在传输过程中,出现的误码对小信号影响较小。例如,由大信号的 1111 误为 0111,从表 6.2 可见,对于自然二进制码解码后得到的样值脉冲与原信号相比,误差为 8 个量化级,而对于折叠二进制码,误差为 15 个量化级。可见,大信号时误码对折叠码影响很大。如果误码发生在由小信号的 1000 误为 0000,这时,对于自然二进制码误差还是 8 个量化级,而对于折叠二进制码误差却只有一个量化级。这一特性是十分可贵的,因为话音信号小幅度出现的概率比大幅度出现的概率大。

由以上比较可以看出,在编码中用折叠二进制码比用自然二进制码优越。目前,折叠二进制码应用得十分广泛,它是 A 律 13 折线 PCM30/32 路设备所采用的码型。

表 6.2　常用二进制码

样值脉冲极性	自然二进制码	折叠二进制码	量化级
	1111	1111	15
	1110	1110	14
	1101	1101	13
	1100	1100	12
正极性部分	1011	1011	11
	1010	1010	10
	1001	1001	9
	1000	1000	8

续表

样值脉冲极性	自然二进制码	折叠二进制码	量化级
	0111	0000	7
	0110	0001	6
	0101	0010	5
负极性部分	0100	0011	4
	0011	0100	3
	0010	0101	2
	0001	0110	1
	0000	0111	0

(2)码位数选择与码位安排

码位数的选择不仅关系到通信质量的好坏,而且还涉及设备的复杂程度。码位数的多少决定了量化分层(量化级)的多少;反之,若信号量化分层数一定,则编码位数也就确定了。可见,在输入信号变化范围一定时,用的码位数越多,量化分层越细,量化噪声就越小,通信质量当然就更好。但码位数多了,总的传输码率增加,这样将会带来一些新的问题。对于一般的话音信号的可识别度,采用 3~4 位非线性编码即可,但由于量化级数少,量化误差大,通话中量化噪声较为显著。当编码位数增加到 7~8 位时,通信质量就比较理想了。

在话音信号数字化时,通常把压缩、量化和编码综合在一起完成。

在 A 律 13 折线情况下,$A = 87.6, L = 256$。无论输出信号是正还是负,均按 8 段折线(8 个段落)进行编码,并且用 8 位折叠二进制码 $C_1 C_2 C_3 C_4 C_5 C_6 C_7 C_8$ 来表示输入信号的抽样值。

第一位码 C_1 表示量化值的极性,称为极性码。当样值 $x \geq 0, C_1 = 1$ 时;当样值 $x < 0$ 时,$C_1 = 0$。

其余 7 位码 $C_2 C_3 C_4 C_5 C_6 C_7 C_8$ 则可表示抽样量化值的绝对大小,其码位安排如下:

第二位至第四位码 $C_2 C_3 C_4$ 的 8 种可能状态分别代表 8 个段落的起始电平,称为段落码。第五位至第八位码 $C_5 C_6 C_7 C_8$ 的 16 种可能状态分别代表每一段落的 16 个均匀划分的量化级,称为段内码。

这样,8 个段落便被划分为 $2^7 = 128$ 个量化级。在此编码方法中,虽然各段内的 16 个量化级是均匀的,但因段落长度不等,故不同段落间的量化级是非均匀的。图 6.12 列出了 A 律 13 折线压扩曲线及段落编码。图中,"*"表示段内编码。

前面已经算出最小阶距 $\Delta = 1/2\ 048 = 2^{-11}$,表 6.3 以 Δ 作为单位,列出了 A 律分段与码位安排。

表 6.3　A 律分段与码位安排

段号	输入 x 取值范围 (Δ)	段落码			起始值 (Δ)	段内码权重(Δ)			
		C_2	C_3	C_4		C_5	C_6	C_7	C_{28}
1	$0 \sim 2^4$	0	0	0	0	2^3	2^2	2^1	2^0
2	$2^4 \sim 2^5$	0	0	1	2^4	2^3	2^2	2^1	2^0
3	$2^5 \sim 2^6$	0	1	0	2^5	2^4	2^3	2^2	2^1

续表

段号	输入 x 取值范围 （Δ）	段落码			起始值 （Δ）	段内码权重（Δ）			
		C_2	C_3	C_4		C_5	C_6	C_7	C_{28}
4	$2^6 \sim 2^7$	0	1	1	2^6	2^5	2^4	2^3	2^2
5	$2^7 \sim 2^8$	1	0	0	2^7	2^6	2^5	2^4	2^3
6	$2^8 \sim 2^9$	1	0	1	2^8	2^7	2^6	2^5	2^4
7	$2^9 \sim 2^{10}$	1	1	0	2^9	2^8	2^7	2^6	2^5
8	$2^{10} \sim 2^{11}$	1	1	1	2^{10}	2^9	2^8	2^7	2^6

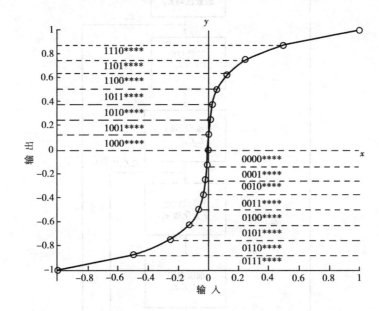

图 6.12　A 律 13 折线压扩曲线及段落编码

(3) 逐次比较编码算法及解码算法

逐次比较编码算法是常用的编码算法,运算过程可分为三个基本步骤,其计算流程图如图 6.13 所示,根据这个流程,可用硬件来实现逐次比较编码算法。这三个基本步骤是:

①根据输入信号样值 x 的极性,确定极性码 C_1:当 $x \geq 0$ 时,$C_1 = 1$;当 $x < 0$ 时,$C_1 = 0$。

②先取 x 的绝对值 $|x|$,再用中分法,分三次判别段号代码 $C_2 C_3 C_4$。第一次比较,决定段落码 C_2,第二次比较,决定段落码 C_3,第三次比较,决定段落码 C_4。其子流程图如图 6.14,图中,$x_1 = |x|$。

③先计算出段内相对电平量化级 x_2,再将十进制数 x_2 转换为二进制数,即可得出段内码 $C_5 C_6 C_7 C_8$。计算段内相对电平量化级 x_2 的算法如下。由表 6.3 可看出:

段号 i 为:

$$i = 4C_2 + 2C_3 + C_4 + 1 \tag{6.18}$$

第 i 段起始值 x_i 为:

$$x_i = \begin{cases} 0, & i = 1 \\ 2^{i+2}, & i > 1 \end{cases} \tag{6.19}$$

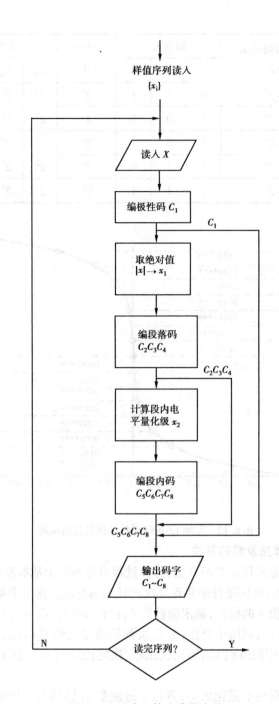

图 6.13　逐次比较法编码流程

第 i 段内阶距 D_i 为：

$$D_i = \begin{cases} 1, & i = 1 \\ 2^{i-2}, & i > 1 \end{cases} \tag{6.20}$$

则相对电平量化级 x_2 为：

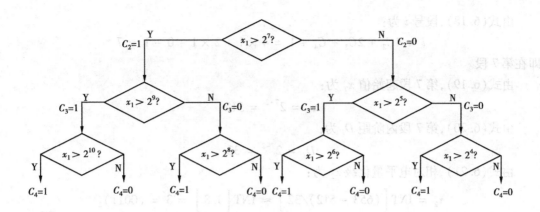

图 6.14　逐次比较法编码流程

$$x_2 = \text{INT}\left[\frac{x_1 - x_i}{D_i}\right] \qquad (6.21)$$

式(6.21)中,INT 表示取整。

解码时,由 C_5 可判断出样值的极性,由 $C_2 C_3 C_4$ 可求出样值的段号,把二元码 $C_5 C_6 C_7 C_8$ 作为自然二进制数转换为对应的十进制数,它就是段内相对电平量化级 x_2,将 x_2 的绝对值乘以段内阶距 D_i,就得到译码器输出电平 x_0。其流程图如图 6.15 所示。

例 6.3　采用 13 折线 A 律编码,设最小量化级为 1 个单位,已知抽样脉冲值 x 为 635 单位。

①求编码器输出码组,并计算量化误差(段内码用自然二进制码)。

②写出对应于该 7 位码(不包括极性码)的均匀量化 11 位码。

解　①已知抽样脉冲值 $x = 635$ 单位。

设码组为 $C_1 C_2 C_3 C_4 C_5 C_6 C_7 C_8$。

• 计算极性码:

因为　　　　　$x = 635 > 0$

所以　　　　　　$C_1 = 1$

• 计算段落码:

因为　　　$x = 635 > 2^7 = 128$

所以　　　　　　$C_2 = 1$

因为　　　$x = 635 > 2^9 = 512$

所以　　　　　　$C_3 = 1$

因为　　　$x = 635 < 2^{10} = 1\ 024$

所以　　　　　　$C_4 = 0$

• 计算段内相对电平量化级:

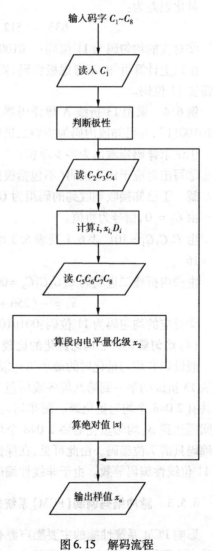

输入码字 $C_1 \sim C_8$

读入 C_1

判断极性

读 $C_2 C_3 C_4$

计算 i, x_i, D_i

读 $C_5 C_6 C_7 C_8$

算段内电平量化级 x_2

算绝对值 $|x|$

输出样值 x_0

图 6.15　解码流程

127

由式(6.18),段号 i 为:

$$i = 4C_2 + 2C_3 + C_4 + 1 = 4 \times 1 + 2 \times 1 + 0 + 1 = 7$$

即在第 7 段。

由式(6.19),第 7 段起始值 x_7 为:

$$x_7 = 2^{7+2} = 512$$

由式(6.20),第 7 段内阶距 D_i 为:

$$D_i = 2^{7-2} = 32$$

由式(6.21),相对电平量化级 x_2 为:

$$x_2 = \text{INT} \left[(653 - 512)/32 \right] \approx \text{INT} \left[3.8 \right] = 3 = (0011)_2$$

所以,输出码组为:11100011。

量化误差为:

$$635 - (512 + 3 \times 32) = 27 \ (个单位)$$

②对应的均匀码为 11 位码: 01001100000

由以上计算可知,不考虑极性码,要达到同样的量化间距,非均匀码只需 7 位码,而均匀码却需要 11 位码。

例6.4 采用 13 折线 A 律译码器,设最小量化级为 1 个单位,已知接收端收到的码组为"01010011",并已知段内码为折叠二进制码。

①试求译码器输出为多少单位;

②写出对应于该 7 位码(不包括极性码)的均匀量化 11 位码。

解 ①已知接收端收到的码组为 $C_1 C_2 C_3 C_4 C_5 C_6 C_7 C_8 = 01010011$

由 $C_1 = 0$,信号为负值。

由 $C_2 C_3 C_4 = 101$、表 6.1 及表 6.3 可知:信号位于第 6 段,起始电平为 $2^8 = 256$,量化间距 $D_6 = 16$。

由段内折叠二进制码 $C_5 C_6 C_7 C_8 = 0011$,可知信号位于段内第 4 量化级,则译码器输出为:

$$x_o = -(256 + 4 \times 16) = -320 \ (量化单位)$$

②对应的均匀码为 11 位码:00101000000

(4)均匀量化和非均匀量化的比较

假设以非均匀量化时的最小量化级间隔 Δ 作为第一到第八段所包含的均匀量化级间隔,则从 13 折线的第一到第八段各段所包含的均匀量化级分别为 16、16、32、64、128、512、1 024,总共有 2 048 个均匀量化级。而非均匀量化时只有 128 个量化级。因此,为在小信号时使量化间隔达到 Δ,均匀量化需要 2 048 个均匀量化级,需要 11 位编码($2^{11} = 2 \ 048$),而非均匀量化编码只需 7 位编码。由此可见,在保证小信号区间量化间隔相同的条件下,7 位非线性编码与 11 位线性编码等效。由于非线性编码的码位减少,因此设备简化,所需传输系统带宽减少。

6.5.3 脉冲编码调制(PCM)系统的抗噪声性能

影响 PCM 系统性能的主要噪声源有两种:一是量化噪声,二是信道噪声(传输噪声)。两种噪声由不同的机理产生,故可认为它们是统计独立的。因此,计算时可以分别求出它们的功率,然后相加。

由图 6.11(PCM 通信系统方框图)可以看出,PCM 系统接收端低通滤波器的输出可写为:

$$\hat{m}(t) = m_o(t) + n_q(t) + n_e(t) \tag{6.22}$$

式中:　$m_o(t)$——输出信号成分;

　　　　$n_q(t)$——由量化噪声引起的输出阻抗噪声;

　　　　$n_e(t)$——由信道加性噪声引起的输出噪声。

PCM 系统的抗噪声性能定义为系统输出端总的信噪比,即

$$\frac{S_o}{N_o} = \frac{E\left[m_o^2(t)\right]}{E\left[n_q^2(t)\right] + E\left[n_e^2(t)\right]} \tag{6.23}$$

式中:E 为求统计平均。

若输入信号 $m(t)$ 在区间$[-a,a]$具有均匀分布的概率密度,并对 $m(t)$ 进行均匀量化,其量化级数为 M,则可求得在仅考虑量化噪声时,PCM 系统输出端平均信号量化噪声功率比为:

$$\frac{S_o}{N_o} = \frac{E\left[m_o^2(t)\right]}{E\left[n_q^2(t)\right]} = M^2 - 1 \approx M^2 \tag{6.24}$$

若采用二进制编码,选择代码位数为 N,则 $M = 2^N$,由式(6.24),有:

$$\frac{S_o}{N_o} = 2^{2N} \tag{6.25}$$

若信道噪声为加性白噪声,仅考虑一位误码引起的码组错误,并认为每一码组的误码彼此独立。设每个码元的误码率为 P_e,则在不考虑量化噪声的情况下,PCM 系统输出端平均信噪功率比为:

$$\frac{S_o}{N_o} = \frac{1}{4P_e} \tag{6.26}$$

同时,考虑量化噪声和信道加性白噪声时,PCM 系统输出端的平均信噪功率比为:

$$\frac{S_o}{N_o} = \frac{E\left[m_o^2(t)\right]}{E\left[n_q^2(t)\right] + E\left[n_e^2(t)\right]} = \frac{2^{2N}}{1 + 4P_e 2^{2N}} \tag{6.27}$$

6.6　增量调制(ΔM 或 DM)

6.6.1　增量调制原理

增量调制是在 PCM 方式的基础上发展起来的另一种模拟信号数字传输的方法,可以看成PCM 的一个特例,它们都是用二进制代码来表示模拟信号的。但是,ΔM 是将模拟信号变换成仅由一位二进制码组成的数字信号序列,用此序列来表示相邻抽样值的相对大小,通过相邻抽样值的相对变化反映模拟信号的变化规律。在接收端只需要用一个线性网络,便可恢复原模拟信号。因此,ΔM 系统的编译码设备要比 PCM 的简单。

ΔM 编码器原理图如图 6.16 所示。它由相减器、判决器、本地译码器及抽样脉冲产生器

（脉冲源）组成。本地译码器与接收端的译码器完全相同。判决器在抽样脉冲到来时刻对输入信号的变化做出判决，并输出脉冲。

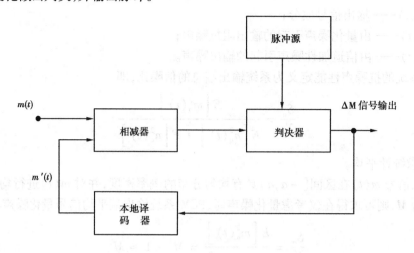

图 6.16　ΔM 系统的编码器原理图

编码器的工作过程如下：

将模拟信号 $m(t)$ 与本地译码器输出的斜变波形 $m'(t)$ 进行比较，为了获得这个比较结果，先进行相减，然后在抽样脉冲作用下将相减结果进行极性判决。

判决规则如下：

$$m(t)\bigg|_{t=t_{i-}} - m'(t)\bigg|_{t=t_{i-}} > 0，判决器输出："1" 码；$$

$$m(t)\bigg|_{t=t_{i-}} - m'(t)\bigg|_{t=t_{i-}} < 0，判决器输出："0" 码。$$

这里，t_{i-} 是 t_i 时刻的前一瞬间，即相当于在阶梯波形跃变的前一瞬间。

ΔM 系统中的量化噪声有两种形式：一种称为一般量化噪声，另一种称为过载量化噪声。过载量化噪声发生在模拟信号 $m(t)$ 斜率陡变，本地译码器输出信号 $m'(t)$ 跟不上 $m(t)$ 的变化，形成很大失真的 $m'(t)$ 波形。如果无过载噪声发生，且模拟信号与阶梯电压波形之间的误差就是一般量化误差。为了保证不发生过载现象，必须使本地译码器的最大跟踪斜率大于模拟信号 $m(t)$ 的最大变化斜率。若抽样频率 $f_s = 1/\Delta t$，电压台阶为 σ，则译码器的最大跟踪斜率为：

$$k = \frac{\sigma}{\Delta t} = \sigma f_s \tag{6.28}$$

式中：　Δt——抽样间隔。

为了减小一般噪声和过载噪声，系统和抽样频率必须选得足够高。

设输入信号 $m(t)$ 为：

$$m(t) = A\sin\omega_k t$$

编码器能够正常工作的输入信号 $m(t)$ 的振幅范围是：

$$\frac{\sigma}{2} \leqslant A \leqslant \frac{\sigma f_s}{\omega_k} \tag{6.29}$$

其中，$\dfrac{\sigma f_s}{\omega_k}$ 称为临界振幅，记为 $A_{max} = \dfrac{\sigma f_s}{\omega_k}$。

6.6.2　ΔM 系统中的量化噪声

设 ΔM 系统的输入信号 $m(t)$ 为：

$$m(t) = A\sin\omega_k t$$

并假定量化误差波形在区间 $(-\sigma, \sigma)$ 上均匀分布，在不考虑信道加性白噪声的影响和假定系统不发生过载的前提下，系统的最大信噪比为：

$$\frac{S_o}{N_q} = \frac{3}{8\pi} \cdot \frac{f_s^3}{f_k^2 f_m} \approx 0.04 \frac{f_s^3}{f_k^2 f_m} \tag{6.30}$$

式中，$f_k = \dfrac{\omega_k}{2\pi}$，$f_m$ 为接收端低通滤波器的截止频率。式(6.30)发生在临界振幅条件下，临界振幅为：

$$A_{max} = \frac{\sigma f_s}{\omega_k} \tag{6.31}$$

6.6.3　PCM 与 ΔM 的性能比较

由式(6.25)和式(6.30)可得 PCM 和 ΔM 的量化信噪比分别为：

$$\left(\frac{S_o}{N_o}\right)_{PCM} = 10\lg 2^{2N} = 20N\lg 2 \approx 6N \text{ dB} \tag{6.32}$$

$$\left(\frac{S_o}{N_q}\right)_{\Delta M} \approx 10\lg\left(0.04 \frac{f_s^3}{f_k^2 f_m}\right) \tag{6.33}$$

直接比较上两式不易得出结论，但可在两种系统具有相同的信道传输速率 f_b（即具有相同的码元速率）的条件下进行比较。一般语音信号 PCM 系统的抽样频率 $f_s = 8\text{kHz}$，则 PCM 系统每一路信号的传输速率系统 $f_b = Nf_s$（式中，N 为编码位数）。ΔM 系统的信道传输速率 f_b 就等于抽样频率 f_s，为了保持两种系统的码元速率相等，ΔM 系统的抽样频率 $f_s = 8N\text{kHz}$。通常取 $f_k = 0.8\text{kHz}$，$f_m = 3\text{kHz}$，则由式(6.33)可得：

$$\left(\frac{S_o}{N_q}\right)_{\Delta M} = 10\lg\left[0.04 \frac{f_s^3}{f_k^2 f_m}\right] = 10\lg\left[0.04 \frac{(8kN)^3}{0.8K^2 \times 3k}\right] \approx 30\lg N + 10.3 \text{ (dB)} \tag{6.34}$$

由式(6.32)及式(6.34)可得出 PCM 与 ΔM 的性能比较曲线如图 6.17 所示。

由图 6.17 可见，在 $N = 4 \sim 5$ 时，PCM 和 ΔM 系统的量化信噪比相近；当 $N < 4$ 时，ΔM 系统的量化信噪比高于 PCM 系统；当 $N > 5$ 时，PCM 系统的量化信噪比高于 ΔM 系统。

在 ΔM 系统中，一个码元只代表一个量阶，一个码元的误码只损失一个增量，所以其对信道误码率的要求较低，一般在 $10^{-3} \sim 10^{-4}$。而 PCM 系统对信道误码率的要求较高，一般为 $10^{-5} \sim 10^{-6}$。

ΔM 系统突出的优点是：设备简单，特别是在单路应用时不需要收发同步设备。但在多路应用时，ΔM 系统每一路需要一套调制和解调设备，所以路数增多时设备成倍增加。而在 PCM 系统中，即使是单路应用，为了区分码元在码组中的位置，也需要同步设备。因此，单路 PCM 比 ΔM 系统复杂得多。但是，PCM 多路传输时，可共用一套 A/D 和 D/A 变换器，故多路 PCM

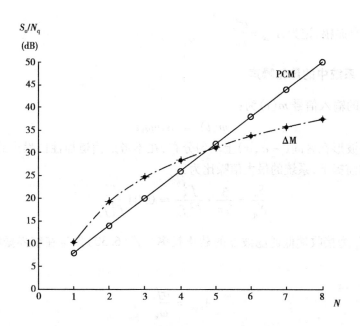

图 6.17　PCM 与 ΔM 的性能比较曲线

比单路 PCM 增加设备不多。因此,路数多时用 PCM 系统较合适,路数少时用 ΔM 系统较合适。

目前随着集成电路的发展,ΔM 的优点已不再是关键因素。在传输语言信号时,ΔM 系统的话音清晰度和自然度方面都不如 PCM 系统。因此,目前在通用多路系统中很少用或不用 ΔM 系统。ΔM 系统一般用在通信容量小和质量要求不十分高的场合,以及军事通信和一些特殊通信中。

6.7　时分复用多路 PCM 系统

6.7.1　时分复用(TDM)原理

时分复用是建立在抽样定理基础上的,因为抽样定理使连续(模拟)的基带信号有可能被在时间上离散的抽样脉冲所代替。在脉冲调制中,当抽样脉冲占据较短的时间时,在抽样脉冲之间就留出了时间空隙。利用脉冲之间的间隔可以插入其他信号的抽样值。将多路信号的抽样值在时间轴上互不重叠地穿插排列,就可以在用一条公共信道上实现传输多路基带信号。这种按照一定的时间次序循环地传输各路消息,以实现多路通信的方式叫做时分多路通信,这种方法叫做时分复用(TDM)。图 6.18 所示为一个 N 路时分复用系统。图中,发送端和接收端的转换开关 K 以单路信号抽样周期为其旋转周期,按时间次序进行转换,从而获得如图 6.19 所示的 N 路时分复用信号的时隙分配图。

在 TDM 中,发送端的转换开关和接受端的分路开关必须同步。所以,在发送端和接收端都设有钟脉冲序列来稳定开关时间。同步就是保持两个钟序列合拍。实现同步的方法与脉冲调制方式有关。一种方法是在每一帧中分配一个(或多个)时隙,发出一个预定的同步脉冲

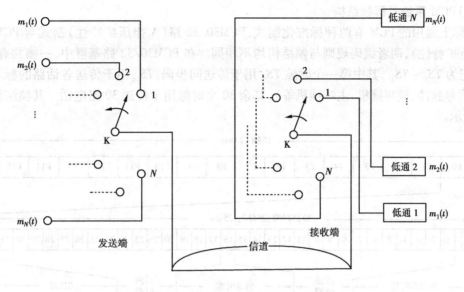

图 6.18　N 路时分复用系统示意图

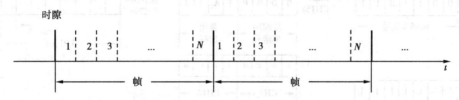

图 6.19　N 路时分复用信号的时隙分配

（有时也用无脉冲来表示）。同步脉冲的参数（幅度、宽度等）与其他消息脉冲有明显的差别，以便在接收机中易于识别。时间标志的另一种方法是在时分复用传输带宽之外发射导频。还有一种方法是在每一帧中传送一个预先规定好的同步码。这个码由接收机鉴别，并使定时系统同步。

在数字通信中，PCM、ΔM 或者其他模拟信号的数字化传输，一般都采用时分复用方式来提高信道的传输效率。时分复用的主要特点是利用不同时隙在同一信道传输各路不同信号。TDM 方法有两个突出的优点：

①多路信号的复合与分路都是数字电路，比频分复用（FDM）的模拟滤波器分路简单、可靠；

②信道的非线性会在 FDM 系统中产生交调失真与高次谐波，引起路际串话，因此对信道的非线性失真要求很高，而 TDM 系统的非线性失真要求可降低。

6.7.2　时分多路 PCM 系统

对于采用 TDM 制的数字通信系统，国际上已逐步建立起一系列标准。原则上是先把一定路数的电话语音复合成一个标准数据流（称为基群），然后再把基群数据流采用同步或准同步数字复接技术汇合成更高速的数据信号。按传输速率不同，分别称为基群、二次群、三次群、四次群等。每一种群路可以用来传送多路电话，也可以用来传送其他相同速率的数字信号。

（1）PCM 系统基群帧结构

国际上通用的 PCM 有两种标准化制式：PCM30/32 路（A 律压扩特性）制式与 PCM24 路（μ 律压扩特性），两者编码规则与帧结构均不相同。在 PCM30/32 路基群中，一帧共有 32 个时隙，记为 $TS_0 \sim TS_{31}$，其中第一个时隙 TS_0 用于传送同步码，TS_{16} 用于传送各话路的标志信号码（如拨号脉冲、被叫摘机、主叫挂机等），其余 30 个时隙用于传送 30 路电话。其帧结构如图 6.20 所示。

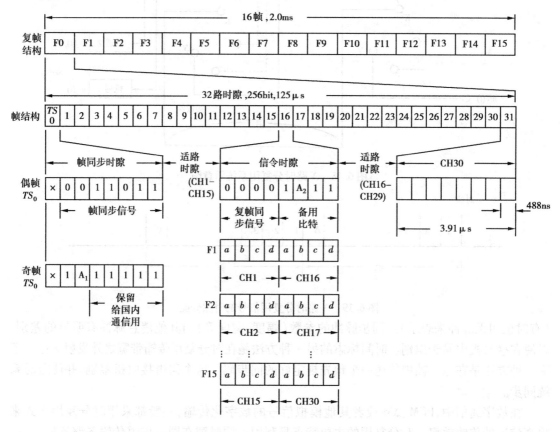

图 6.20　PCM30/32 路帧结构

每一路话音抽样率 $f_s = 8\,000\text{Hz}$，每一帧长 $T_s = \dfrac{1}{f_s} 125\mu s$，一帧共有 32 个时隙，每一时隙为 $T_c = \dfrac{T_s}{32} = \dfrac{125}{32} = 3.9\mu s$，由于每一时隙均按 8 位编码，所以一帧共有 256 个码元，PCM30/32 系统的数码率为：

$$f_{cp} = 8\,000 \times 32 \times 8 = 2.048\,(\text{Mbit/s}) \quad \text{（基群码速）}$$

这样，每个脉冲的宽度为：

$$\tau_{cp} = 1/f_{cp} = 0.488\,(\text{ms})$$

帧同步码组为"×0011011"，它是每隔一帧插入 TS_0 的固定码组，接收端识别出帧同步码组后，即可建立正确的路序。其中，第一位码"×"留作国际电话间通用。在不传帧同步的奇数帧 TS_0 的第 2 位固定为"1"，以避免接收端错误识别为帧同步码组。

在传送话路信令时，可以将 TS_{16} 所包含的总比特率 64kbit/s 集中起来使用，称为共路信令传送;也可以按规定的时间顺序分配给各个话路,直接传送各路所需的信令,称为随路信令传送。

(2) PCM 系统的高次群

上面讨论的 PCM24 与 PCM30/32 路时分多路系统,称为数字基群(即一次群)。通常由若干个基群数字信号通过数字复接设备可以汇总成二次群。又因为数字基群国际上已经建议两种标准制式,所以数字信号的二次群相应也有两种制式,即以 PCM30/32 路制式为基群的8.448Mbit/s 的120 路制式和以 PCM24 路为基群的6.312Mbit/s 的96 路制式。除二次群外,还可以组合成数码率更高、路数更多的三次群、四次群等高次群制式。五次群以下的高次群组群方案如表6.4 所示。我国和欧洲各国采用表中的30 路制式,而北美和日本则采用24 路制式。

表6.4　高次群组群方案

制 式 群 路	北美、日本		欧洲、中国	
	信息速率/(Mbit·s^{-1})	路数	信息速率/(Mbit·s^{-1})	路数
基群	1.544	24	2.048	30
二次群	6.312	96	8.448	120
三次群	32.064	480	34.368	480
四次群	97.728	1 440	139.264	1 920
五次群	397.200	5 760	564.992	7 680

6.8　数字复接技术

在数字通信系统中,为了使终端设备标准化和系列化,同时又能适应不同传输媒介和不同业务容量的要求,通常用各种等级的终端设备进行组合配置,把若干个低速数码流按一定格式合并为高速数码流,以满足上述需要。数字复接就是依据时分复用基本原理完成数码流合并的一种技术。数字复接系统包括数字复接器和数字分接器两部分,其基本组成如图6.21所示。

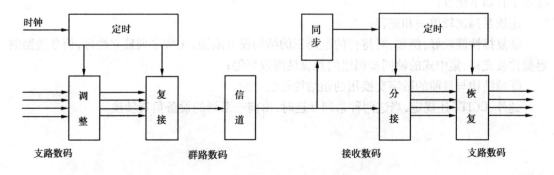

图6.21　数字复接系统组成图

数字复接器是把两个或两个以上的支路数码流按时分复用方式合并为总的群路数码流的终端设备;数字分接器是把总的群路数码流分解为各个支路数码流的终端设备。通常把二者装在一起,简称为复接分接器(MULDEX)。数字复接器由定时、调整和复接三个基本单元组成。定时单元提供统一的基准时间信号,可以内供或外供。调整单元的作用是对输入支路的数码流进行必要的速率或相位调整,形成与本机定时信号完全同步的数码流。在复接单元内,用时分复用的方法,再把它们合路形成群路数码流。数字分接器由同步、定时、分接和恢复四个基本单元组成。它的定时单元由接收的时钟来驱动,在同步单元中,从接收群路数码流中提取出接收时钟信息,使分接器的基准时间信号与复接器的基准时间信号保持正确的相位关系,即保持相位同步。分接单元的作用是在定时信号控制下把群路数码流正确分离为原来的支路数码流。

数字复接方法大致分为三类:同步复接、异步复接和准同步复接。同步复接是指所有待复接的支路数码率严格相等或为严格的整倍数关系,就可以直接用时分复用的办法进行合路,形成群路数码流,各支路数码流输入时,只需调整相位,有时甚至连相位也无需调整。异步复接是指各个待复接的支路数码流速率不等,并且也不一定与群路数码率之间成整倍数关系,此时在实施合路以前,必须对各支路数码流进行必要的速率和相位调整,先变成同步的支路数码流。准同步复接是指待复接的各支路数码流的速率标称值相同,且与群路数码流的速率成整倍数关系,各个支路速率的变化限制在某一容差范围内,因此,在合路前必须先对它们进行码速调整。

数字复接等级是指按照复接的可能性,把数字复接系列划分为不同的标准等级。规定数字复接速率系列和规划数字复接等级是涉及数字网全局的问题,它取决于数字传输、数字复接、信源编码和数字交换等多方面因素。这些因素在数字通信网演变的过程中,已经形成了密切的相互约束,有些是恰当的,有些受历史条件限制不尽然最优,但多数已成为难以迅速改变的现实。

CCITT 在各国大量的实际运用、理论分析和科学实验的基础上,反复折中后,推荐两种数字速率系列的数字复接等级。一种是北美和日本开始采用的以 1.544Mbit/s 为基群的数字速率系列,如图 6.22(a)所示。另一种是欧洲和前苏联开始采用的以 2.048Mbit/s 为基群的数字速率系列,如图 6.22 (b)所示。

我国对两种系列经多年实践比较,已决定采用后一种系列。从目前情况分析,这种系列在技术上有如下优点:

①该系列比较单一和完善;

②复接性能较好,例如,对待传的数码流的结构没有限制,比特序列独立性好,信令通路的容量比较充裕,集中式的帧同步码组的捕捉性能较好等;

③帧结构与目前的数字交换用的帧结构是统一的。

此外,CCITT 还规定,当这两种系列互连时,由前一系列的设备负责转换。

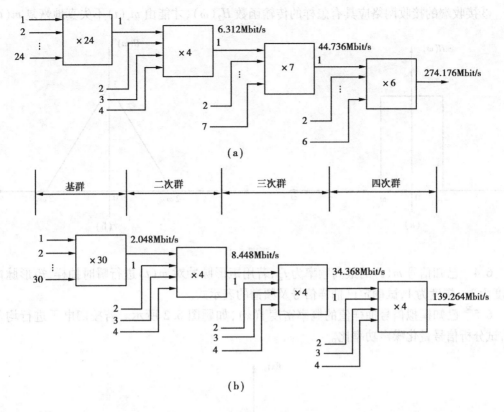

图 6.22　数字速率系列

习　题

6.1　已知一低通信号 $m(t)$ 的频谱 $M(f)$ 为：

$$M(f) = \begin{cases} 1 - \dfrac{|f|}{200}, & |f| < 200 \\ 0, & 其他 \end{cases}$$

①假设以 $f_s = 300\text{kHz}$ 的速率对 $m(t)$ 进行理想抽样,试画出已抽样信号 $m_s(t)$ 的频谱草图;

②若用 $f_s = 400\text{kHz}$ 的速率抽样,重做上题。

6.2　已知一基带信号 $M(t) = \cos 2\pi t + \cos 4\pi t$,对其进行理想抽样。

①为了在接收端能不失真地从已抽样信号 $m_s(t)$ 中恢复 $m(t)$,试问抽样间隔应如何选择?

②若抽样间隔取为 0.1s,试画出已抽样信号的频谱图。

6.3　已知某信号 $m(t)$ 的频谱 $M(\omega)$ 如题图 6.1 所示。将它通过传输函数为 $H_2(\omega)$ 的滤波器后再进行理想抽样。

①抽样速率应为多少?

②若设抽样速率 $f_s = 3f_1$,试画出已抽样信号 $m_s(t)$ 的频谱;

③接收端的接收网络应具有怎样的传输函数 $H_2(\omega)$，才能由 $m_s(t)$ 不失真地恢复 $m(t)$。

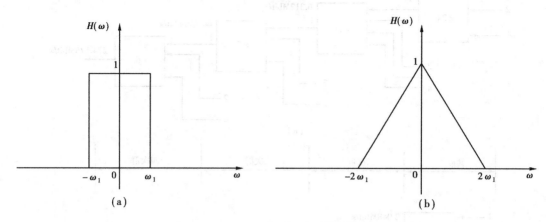

(a)   (b)

题图 6.1

6.4 已知信号 $m(t)$ 的最高频率为 f_m，若用矩形脉冲对 $m(t)$ 进行瞬时抽样，矩形脉冲的宽度为 3τ，幅度为 1，试确定已抽样信号及频谱的表示式。

6.5 已知模拟信号抽样值的概率密度 $f(x)$，如题图 6.2 所示。若按四电平进行均匀量化，试分析信号量化噪声功率比。

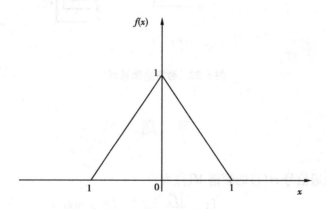

题图 6.2

6.6 采用 13 折线 A 律编码，设最小的量化级为 1 个单位，已知抽样脉冲值为单位 +605：
①试求此时编码器输出码组，并计算量化误差（段内码用自然二进制）；
②写出对应于该 7 位码（不包括极性码）的均匀量化 11 位码。

6.7 采用 13 折线 A 律编译码电路，设接收端收到的码组为"00101011"，最小量化单位为 1 个单位，并已知段内码为折叠二进制。
①试问译码器输出为多少个单位？
②写出对应于该 7 为码（不包括极性码）的均匀量化 11 位码。

6.8 采用 13 折线 A 律编码，设最小的量化级为 1 个单位，已知抽样脉冲值为 -105 单位：
①试求此时编码器输出码组，并计算量化误差（段内码用自然二进制）；
②写出对应于该 7 为码（不包括极性码）的均匀量化 11 位码。

6.9　信号进 $m(t) = M\sin 2\pi f_0 t$ 行简单增量调制,若台阶 σ 和抽样频率选择的既保证不过载,又保证不致因信号振幅太小而使增量调制器不能正常编码,试证明此时要求 $f_s > \pi f_0$。

6.10　对 24 路最高频率均为 4kHz 的信号进行时分复用,采用 PAM 方式传输。假定所用的脉冲为周期性矩形脉冲,脉冲的宽度 τ 为每一路应占用时间的一半。试求此 24 路 PAM 系统的最小带宽。

6.11　对 10 路带宽均为 300 ~ 3 400Hz 的模拟信号进行 PCM 时分复用传输。抽样速率为 8 000Hz,抽样后进行 8 级量化,并编为自然二进制码,码元波形是宽度为 τ 的矩形脉冲,且占空比为 1。试求传输此时分复用 PCM 信号所需的带宽。

6.12　单路话音信号的最高频率为 4kHz,抽样速率为 8kHz,将所得的脉冲由 PCM 方式或 PCM 方式传输。设传输信号的波形为矩形脉冲,其宽度为 τ,且占空比为 1。

①计算 PAM 系统的最小带宽;

②在 PCM 系统中,抽样后信号按 8 级量化,求 PCM 系统的最小带宽,并与①的结果进行比较。

③若抽样后信号按 128 级量化,PCM 系统的最小带宽又为多少?

6.13　若 12 路话音信号(每一路信号的最高频率为 4kHz)进行抽样和时分复用,将所得的脉冲用 PAM 或 PCM 系统传输,重做上题。

6.14　已知话音信号的最高频率 $f_m = 3\ 400$Hz,采用 PCM 系统传输,要求量化信噪比 S_o/N_q 不低于 30dB。试求此 PCM 系统所需的频带宽度。

第**7**章
光 纤 通 信

1970 年,美国康宁玻璃公司研制出损耗为 20dB 的石英光纤,证明光纤作为通信传输媒质是可行的。同年,GaALAs 异质结半导体激光器实现了室温下的连续工作,为光纤通信提供了理想的光源。从此,光纤通信得到了迅速的发展。在 20 世纪 70 年代,光纤通信由起步到逐渐成熟。这首先表现在光纤的传输质量大大地提高,光纤的传输损耗逐年下降。同时,光纤的带宽不断地增加;光源的寿命不断地延长,光源和光电检测的性能不断地改善。1976 年第一条光纤通信系统在美国地下管道中诞生,从此,光纤通信系统开始商业化。20 世纪 80 年代是光纤大发展的时期。在这一时期,光纤通信由 0.85μm 转向 1.3μm,由多模光纤转向单模光纤。各种光纤通信系统在各地迅速建立起来,显示了光纤通信系统的优越性和强大的竞争力,并很快取代电缆通信。同时,波分复用系统、相干光通信系统、光纤放大器等技术也受到了人们的重视,到 20 世纪 80 年代末期,掺铒光纤放大器问世,其性能相当好,很快实用化。目前,最引人关注的是 WDM 全光通信,它是在传送网中加上光层,在光上进行交叉连接和分叉复用,从而减轻电交换节点的压力,大大地提高整个网络的传输容量和节点的吞吐量,这也是当前光纤通信的研究热点。

在不到 30 年的时间里,光纤通信以惊人的速度发展着,为信息基础设施提供了宽敞的传输道路。光纤通信之所以能得到如此迅速的发展,与光纤通信的优越性是分不开的,其主要优点有:传输损耗低,传输容量大;尺寸小,重量轻;有利于敷设和运输;抗电磁性能好;光纤之间的串话小;制造光纤的主要原料是二氧化硅,它是地球上蕴藏最丰富的物质,取之不尽,用之不绝;中继距离长;经济效益好;在 34MB/s 以上光纤通信系统的价格比同轴电缆便宜 30% 以上。光纤通信系统进入实用化以后,各种光纤通信系统在各地建立起来。目前,调制—直接检测(IM—DD)光纤通信系统是最常用、最主要的方式。它由电发射端机、输入接口、TX(光发射端机)、光中继器、输入接口、电接收端机、RX(光接收端机)等组成。

本章将从光纤及电缆、光发送机、光接收机、光纤通信系统等几个方面来介绍光纤通信的基本知识和原理。

7.1　光纤与光缆

7.1.1　光纤的结构、分类及传输特性

(1) 光纤的结构

　　光纤是导光纤维的简称。通信上用的光纤是横截面很小的可挠的透明的长丝,它在长距离内有束缚和传输光的作用。图 7.1 所示为光纤的横截面图,从图中可以看出,光纤主要是由纤芯、包层和涂敷层构成。纤芯由高度透明的材料制成;包层的折射率稍小于纤芯,从而造成光的波导效

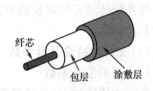

图 7.1　光纤的结构

应,使大部分的电磁场被束缚在纤芯中传输;涂敷层的作用是保护光纤不受水气的侵蚀和机械的擦伤,同时有增加光纤的柔韧性。前两部分满足光纤导光要求,而后一部分起保护的作用。

(2) 光纤的种类

　　按纤芯、包层和涂敷层各自的构造不同,从不同的角度分类,可以将组成种类繁多、名称各异的光纤。

　　1) 按原材料的不同分

　　按原材料的不同可分为:石英光纤、多组分玻璃纤维、全塑光纤、塑料包层光纤等种类。

　　2) 按光纤的横截面积上折射率分布的情况来分

　　按光纤的横截面积上折射率分布的情况可分为:阶跃光纤和渐变光纤等种类。

　　3) 按传输模式分

　　按传输模式光纤可分为:多模光纤和单模光纤。

　　①多模光纤

　　多模光纤是一种能够承载多个模式的光纤,其传输光波的模式很多。其传导模的总数可用式(7.1)近似表示:

$$N = \frac{\alpha}{\alpha + 2} \cdot \frac{V^2}{2} \tag{7.1}$$

式中:V——光纤的归化频率;

　　α——光纤折射率分布的幂指数,对于抛物线光纤,$\alpha = 2$。

$$N = \frac{1}{4}V^2 \tag{7.2}$$

　　②单模光纤

　　单模光纤是只能传输基模 HE_{11} 模(或 LP_{01} 模) 的光纤。其传输光波的模式只有一个,它不存在模间时延差,具有比多模光纤大得多的带宽,其纤芯的直径仅几微米。它适用于大容量长距离通信。

　　定义满足下式的波长 λ_c 为单模光纤的截止波长:

$$\frac{2\pi}{\lambda_c}n_0\alpha \sqrt{2\Delta} = 2.405 \tag{7.3}$$

式(7.3)中,Δ 为光纤的相对折射率差:

$$\Delta = \frac{n_1 - n_2}{n_1} \tag{7.4}$$

式中,n_1 为光纤纤芯的折射率,n_2 为光纤包层的折射率。

当传输光波长大于 λ_c 时,便满足在这种光纤中单模传输的条件。

4)按光纤传输光的波长的不同分

按光纤传输光的波长的不同可分为:0.85μm 短波长光纤、1.3μm 长波长光纤和 1.55μm 长波长光纤。

(3)光纤的特性及其参数

1)光纤的衰减系数

光纤在传输时,由于各种原因要产生光能衰,光纤的衰减系数是一个十分重要的参数。它很大程度上决定了光纤通信系统的中继距离,衰减越小,中继距离越长,光纤的衰减系数可由下式来定义:

$$\alpha = \frac{10}{L(\text{km})} \lg \left(\frac{p_{\text{in}}}{p_{\text{out}}} \right) \ (\text{dB/km}) \tag{7.5}$$

式中:p_{in}——入光纤功率;

p_{out}——出光纤功率;

L——光纤的长度。

光纤中光能的损失的原因有两个:吸收和散射。

2)光纤的吸收损耗

光纤的吸收损耗是由光纤的材料和不纯物质对光能的吸收所引起的。材料损耗是不可避免的。必须选择固有吸收较小的材料来和光纤。光纤的吸收损耗与波长有关,光纤损耗—波长曲线如图 7.2 所示。

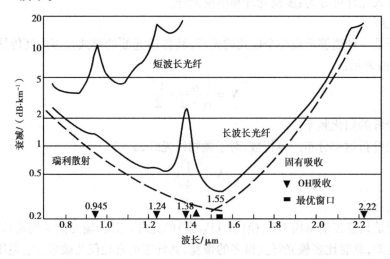

图7.2 光纤损耗—波长曲线

由图 7.2 可看出,光纤有三个低损耗窗口:0.85μm(短波长)、1.3μm(长波长)及 1.55μm(长波长),这也是光纤通信常用的低损耗窗口。0.85μm 的窗口是最早开发的,因为首先研制成功的半导体激光器(GaAlAs)的发射波长刚好在这一区域。随着对光纤损耗机理的深入研究,人们发现在长波长(1.3μm 及 1.55μm)光纤的传输损耗更小。因此,长波长光纤通信受到重视,并得到迅速的发展。

3) 光纤的色散

顾名思义,色散就是一束不同的颜色的光通过透光物质后波散开的现象,是光在介质中传输的特性。由于色散的存在,光脉冲在传输的过程中将被展宽。这极大的限制了光纤的传输容量和传输带宽。从机理上说,色散可分为模式色散、材料色散以及波导色散。模式色散是由于各模式在同一频率有不同的群速度而形成的。材料色散是材料的折射随波长而引起的。波导色散是模式本身的色散。

多模光纤的色散主要由模式色散决定。可以求得多模梯度光纤的脉冲展宽 τ_g 为:

$$\tau_g = \frac{n_0 \Delta^2}{2c} - L \qquad (7.6)$$

多模阶跃光纤的脉冲展宽 τ_g 为:

$$\tau_s = \frac{L n_0}{c} \Delta \qquad (7.7)$$

在上两式中,L 为光纤的长度,n_0 轴上折射率,Δ 为相对折射率,c 为光速。

由上两式可以看出,多模梯度光纤的脉冲展宽 τ_g 是多模阶跃光纤 τ_s 的 $\Delta/2$ 倍,这一比值在 10^{-3} 左右,所以,现在一般都采用多模梯度光纤而不用阶跃光纤。

在单模光纤中,只有一个模式,没有模式色散,光纤的色散主要由材料色散决定。在 1.3μm 附近,石英玻璃的材料色散为零。而且可以调节掺杂程度,纤芯直径或折射率使材料色散和波导结构色散在 1.2~1.7μm 范围内尽量抵消,剩下很小的色散。

根据以上的分析可知,从损耗和色散的两个角度考虑问题,对于多模光纤,工作波长以 1.3μm 为好。若以传输容量大和中继距离为目标,则应采用单模光纤,工作波长以 1.55μm 为好,根据推算,在 800Mbit/s 的 PCM 传输中,中继距离可达 100km 以上。

4) 光纤的带宽

在设计光纤通信系统时,一般采用光纤的3dB带宽 f_c 来描述光纤的色散特性。在频域上,长为 L 的光纤的传输函数 $H(f)$ 可以表示为:

$$H(f) = e^{-(f/f_c)^2 \ln 2} \qquad (7.8)$$

式中,f_c 表示 $H(f)$ 下降到 $H(0)$ 的 $1/2$ 处的频率,单位为 MHz。

$H(f)$ 在时域上的表达式 $h(t)$ 为:

$$h(t) = \sqrt{\frac{\pi}{\ln 2}} f_c e^{-(\pi f_c)^2 t^2 / \ln 2} \qquad (7.9)$$

$h(t)$ 的波形如图 7.3 所示。

如用 $\tau_{1/2}$ 表示光纤的脉冲半宽,则由式(7.8)可得:

$$f_c = \frac{2\ln 2}{\pi \tau_{1/2}} \qquad (7.10)$$

脉冲半宽 $\tau_{1/2}$ 如图 7.4 所示。

对于长为 $L(km)$ 的光纤,如用 f_1 表示一公里光纤的带宽,则

$$f_c = f_1 / L^\gamma \qquad (7.11)$$

式中:γ——光纤带宽距离指数,其值范围为 0.5~0.9。

这就是描述光纤传输特性的一个重要基本参数。

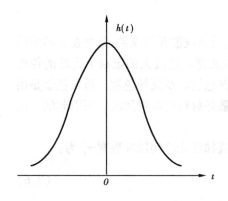

图 7.3 光纤的冲激响应

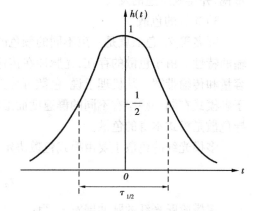

图 7.4 光纤的脉冲半宽

5)光纤的数值孔径 NA

光纤的数值孔径 NA 是描述光纤可能接收外来入射光的最大接受角 θ_n 的量。它表征了光纤接收光的能力。NA 越大,光纤的接受光的能力越强,但光纤的带宽和损耗却随 NA 增大而减小。NA 的值一般在 $0.15 \sim 0.26 \mu m$ 的范围内。在光的传输过程中,NA 锥角以内的光线都被收集到光纤中,并在芯层边界以内形成全反射,从而达到将光线约束在光纤芯部传输而不泄漏。构成类似水管一样的光导管,然而要构成质地优良的光导管,除了必须具备芯部折射率比包层折射率高这一基本要求外,还要求光纤芯部和靠近芯—包边界的包层部分具有极小的光损耗,这就要求它们必须由纯度极高的材料构成;此外,根据不同的工作要求,光纤各部分必须具有严格的尺寸要求和折射率分布形状,以满足不同传输参数的要求。为了说明 NA 的意义,先考虑阶跃光纤的情况,从几何光学的角度,光在阶跃光纤的入射和传播如图 7.5 所示。

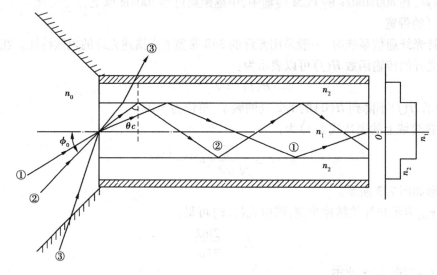

图 7.5 光在阶跃光纤中的入射和传输

在图 7.5 中,n_0 为空气的折射率,n_2 为光纤包层的折射率,n_1 为光纤纤芯的折射率,且 $n_1 > n_2$。三束光线由空气入射到光纤。设 θ_c(相对于光线 2)为光由纤芯射向芯和包层接面的

临界角,则由全反射原理有:

$$\theta_{\mathrm{c}} = \arcsin \frac{n_2}{n_1} \tag{7.12}$$

若光源发射的光经空气以后耦合进光纤,则满足光纤中全反射条件的光的最大入射角 ϕ_0 应满足下式:

$$\sin\phi_0 = n_1\sin(\frac{\pi}{2} - \theta_{\mathrm{c}}) = \sqrt{n_1^2 - n_2^2} = n_1\sqrt{\frac{n_1^2 - n_2^2}{n_1^2}} \tag{7.13}$$

由图 7.5 可以看出,当 $\phi \leqslant \phi_0$ 时,光线在纤芯、包层做全反射而沿光纤传播(相对于光线 1 和 2)。当 $\phi > \phi_0$ 时,光线被折射进入包层,而不能在光纤中传播(相对于光线 3)。

因而可定义光纤的数值孔径 NA 为:

$$NA = n_1\sqrt{\frac{n_1^2 - n_2^2}{n_1^2}} \approx \sqrt{2\Delta} \tag{7.14}$$

式中,$\Delta = \dfrac{n_1^2 - n_2^2}{2n_1^2} \approx \dfrac{n_1 - n_2}{n_1}$ 为光纤的相对折射率差。

上式同样适用于梯度光纤,但这时式中的 n_1 为纤芯中心的折射率,Δ 为光纤的最大相对折射率差,NA 指光纤的最大数值孔径。

光纤的数值孔径表示光纤的集光能力。NA 越大,能进入光纤发生全反射的光束越多,光纤的集光能力越强。

应当指出:把光的传输当光的行进只是一种近似的处理,优点是直观的。但光波实质上是电磁波,它在光纤波导中的传输特性,只有从光的电磁理论才能给以本质上的说明。

6)光纤的归一化频率 V

光纤最重要的一个结构参数就是归一化频率,一般用 V 来表示,其定义如下:

$$V = kn_{\mathrm{m}}\alpha\sqrt{2\Delta} = \frac{\omega}{c}n_{\mathrm{m}}\alpha\sqrt{2\Delta} \tag{7.15}$$

式中:$k = \dfrac{2\pi}{\lambda}$——光在真空中的传播常数;

ω——光波的频率;

c——真空中的光速;

α——光纤半径;

n_{m}——光纤中的最大折射率;

Δ——光纤中的最大相对折射率。

一根光纤的 V 将决定它能够传输多少个模的数目及是否能单模工作。对阶跃光纤,$V < 2.4$ 的光纤为单模光纤,$V \geqslant 2.4$ 的光纤为多模光纤。

7.1.2 光缆的结构、分类和作用

(1)光缆的结构、分类

为了便于工程上安装和敷设,常常将若干光纤组合成光缆。光缆的结构繁多,按成缆光纤分,有多模光纤光缆和单模光纤光缆;按成缆方式分,常用的有骨架式光缆和层绞式光缆。按加强构件、护层结构分,有无金属光缆,金属加强构件光缆等。在层绞式和骨架式光缆中的钢

质加强芯:一方面是为了提高其抵抗张力的能力,另一方面由于加强心的膨胀系数小于塑料。所以,它能抵抗塑料的伸缩从而使光缆特性有所改善。铠装光缆结构示意图如图7.6所示。

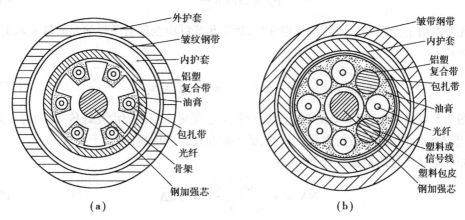

图7.6　铠装光缆结构示意图
(a)骨架式;(b)层纹式

(2)光缆的作用

光缆是依靠其中的光纤作为信道来完成信息的传递任务的。因此,光缆的任务就是要保证其间的光纤具有稳定的传输特性(如传输损耗和带宽稳定等),同时,光缆也应该适应各种外界条件保证信息任务传递的完成。

7.2　光源与光发射机

光纤通信对光源的要求是:具有光源的发射光谱应与光纤的传输窗口相一致、光谱宽度窄、易于调制、调制速率高、输出功率大、效率高、与光纤的耦合效率高、温度特性好、可靠性高以及成本低等特点。目前基本上能满足以上要求的是半导体激光器(LD)和发光二极管(LED)。

7.2.1　半导体激光器(LD)

半导体激光器(LD)是一种优质的单色相干光源,它的功率强、速度快、耦合效率高,适合于长距离、大容量的光纤通信系统。对于短波长常用的有 GaAlAs 双异质结注入式激光器,对于长波长常用的有 InGaAsP/InP 双异质结激光器。

(1)半导体激光器工作原理

半导体激光器(LD)的激射条件与任何类型的激光器一样,要在半导体激光器中形成激光,同样需要具备以下几个条件:

①有源区里要产生足够多的粒子数反转分布。

②存在光学谐振机制,并在有源区里建立稳定的振荡。

半导体激光器是一个阈值器件,它的工作状态随注入的电流的不同而不同。当注入的电流较小时,有源区不能实现粒子反转,自发发射占主导地位,激光器发射普通的荧光,其工作状态类似于一般的发光二极管。随注入电流的加大,有源区里实现粒子数反转,受激辐射占主导地位,但当注入电流小于阈值电流时,谐振腔的增益还不足以克服损耗,不能在腔内建立起一定的模式振荡,激光器发射的仅仅是较强的荧光,这种状态称为"超辐射"状态。只有当注入电流大于阈值以后才能发射谱线尖锐、模式明确的激光。使激光器发生振荡时的电流称为阈值电流 I_{th}。图 7.7 是激光二极管发射功率 P 与注入电流 I 之间的关系曲线,简称为(P—I)曲线。

在图 7.7 中,P 为激光二极管输出功率,I 为注入电流,I_{th} 为阈值电流。由图看出,当注入电流 I 增大到阈值电流 I_{th} 时(对应于 P—I 曲线的转折点),激光二极管输出功率急剧增加,发出激光。常用的单模激光二极管的阈值一般 10 ~ 50mA 范围。

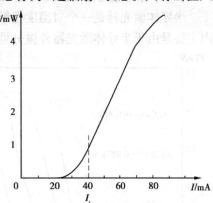

图 7.7　激光二极管的 P—I 曲线

(2)半导体激光器的效率

半导体激光器把激励的电功率转换成光功率发射出去,人们经常用功率效率和量子效率衡量激光器的转换效率的高低。

功率效率定义为:

$$\eta_p = \frac{激光器辐射的光功率}{激光器消耗的电功率} = \frac{p_{ex}}{V_j I + I^2 R_s} \tag{7.16}$$

式中:p_{ex}——激光器发射的光功率;

V_j——激光器的结电压;

R_s——激光器的串联电阻;

I——注入电流。

量子效率分为内量子效率、外量子效率和外微分量子效率。

内量子效率定义为:

$$\eta_i = \frac{有源区里每秒产生的光子数}{有源区里每秒注入的电子 - 空穴数} = \frac{R_r}{R_{nr} + R_r} \tag{7.17}$$

式中:R_r——辐射复合的速率;

R_{nr}——非辐射复合的速率。

外量子效率 η_{ex} 定义为:

$$\eta_{ex} = \frac{有源区里每秒发射的光子数}{有源区里每秒注入的电子 - 空穴数} = \frac{p_{ex}/h\nu}{I/e_0} \tag{7.18}$$

式中:p_{ex}——激光器发射的光功率;

I——激光器的注入电流;

V——PN 结的外加电压。

外微分量子效率定义为:

$$\eta_D = \frac{(p_{ex} - p_{th})/h\nu}{(I - I_{th})/e_0} \tag{7.19}$$

式中:I_{th}——阈值电流。

外微分量子效率不随注入电流变化。它对应 P—I 曲线阈值以上线性部分,在实际中得到广泛的应用。

(3)半导体激光器的温度特性

半导体激光器是一个对温度很敏感的器件。它的输出功率随温度发生很大的变化,其原因主要是由于半导体激光器外微分量子效率和阈值电流随温度而变化;外微分量子效率随温度的升高而下降。阈值电流随温度的升高而加大。在某一段温度变化范围内,阈值电流与温度的关系可以表示为:

$$I_{th} = I_0 \exp(K/K_0) \qquad (7.20)$$

式中:I_{th}——结温为 K 时的阈值电流;

$\quad\quad K$——绝对温度;

$\quad\quad I_0$——常数;

$\quad\quad K_0$——激光器的特征温度;它在一定的温度变化范围内是常数。

图 7.8 所示为 GaALAs 激光器在摄氏温度下的变温 P—I 曲线,其中,$W = 12\,\mu m$,$L = 130\,\mu m$。

(4)半导体激光器的光谱特性

光谱线宽度是衡量 LD 发光单色性的一个物理量。激光器发射光谱的宽度取决于激发的纵模数目,对于存在若干个纵模的光谱特性可画出包络线。其频谱线宽度定义为输出光功率峰值下降 3dB 时的半功率点对应的宽度(参见图 7.4)。谱线宽度越窄,越接近单色光。

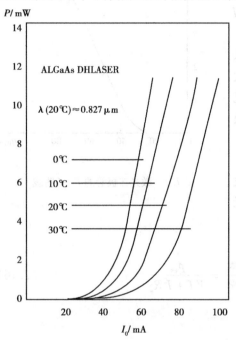

图 7.8　GAALAS 激光器的变温 P—I 曲线图

7.2.2　发光二极管(LED)

发光二极管(LED)基本上是用直接带隙的半导体材料制作的 PN 结二极管。发光二极管是非相干光源,它的发射过程主要对应光的自发发射过程,当注入正向电流时,注入的非平衡载流子在扩散的过程中复合发光,这就是发光二极管的基本原理。因此,发光二极管不是阈值器件,它的输出功率基本上与注入电流成正比。图 7.9 所示为一个发光二极管的 P—I 曲线。

发光二极管的主要性质如下:

(1)发射谱线和发散角

由于发光二极管没有谐振腔,所以它的发射光谱就是半导体材料导带和价带的自发射谱线。由于导带和价带都包含有许多的能级,使复合发光的光子能量有一个较宽的能量范围,造成自发射谱线较宽。同时,又由于自发的光的方向是杂乱无章的,所以 LED 输出光束的发散角也大。GaAlAs LED 的发射谱线宽度约为 $0.03 \sim 0.05\,\mu m$,InGaAsP LED 的发射谱线宽度约为 $0.06 \sim 0.12\,\mu m$。

(2)响应速度

发光二极管的响应速度受载流子自发复合寿命所限制。为减小载流子的寿命时间,复合区往往采用掺杂或使 LED 工作在高注入电流密度下等方法来解决。LED 的响应速度比 LD 低

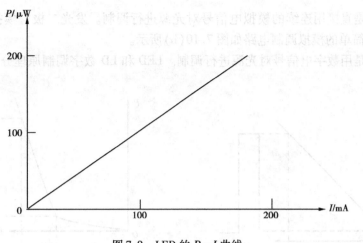

图 7.9　LED 的 P—I 曲线

得多。

（3）热特性

LED 的输出功率也随温度的升高而减小，但由于它不是阈值元件，所以输出功率随温度的变化比 LD 小。

LED 的突出优点是：寿命长、可靠性高、调制电路简单、成本低。主要用于中等带宽的光纤通信系统和光纤模拟通信系统。

7.2.3　光源的调制

要实现光纤通信，首先要解决如何将光信号加载到光源的发射光束上，即需要进行光调制。调制后的光波经过光纤信道传送至接收端，由光接收端机进行光解调，还原为原始的电信号。

根据调制与光源的关系，光调制可分为直接调制和间接调制两类。间接调制是利用晶体的电光效应、磁光效应、声光效应等性质，直接调制采用电源调制的方法。

直接调制技术具有简单、经济、容易实现等优点，目前是光纤通信中最常用的调制方式。本章只介绍直接调制。

对于调制信号的形式，光调制又可分为模拟调制和数字调制。

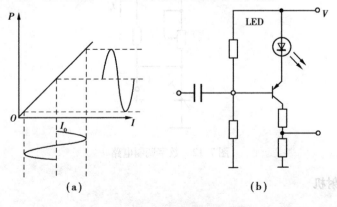

图 7.10　发光二极管模拟调制
（a）模拟调制原理；（b）简单的模拟调制电路

149

模拟调制是直接用连续的模拟电信号对光源进行调制。发光二极管模拟调制原理如图7.10(a)所示,简单的模拟调制电路如图7.10(b)所示。

数字调制是用数字电信号对光源进行调制。LED和LD数字调制原理分别如图7.11(a)和(b)所示。

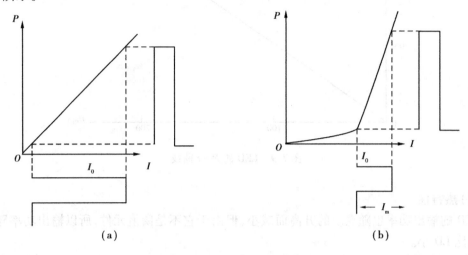

图7.11　数字调制原理

(a)LED数字调制原理;(b)LD数字调制原理

数字调制电路是电流开关电路。最常用的是差分电流开关,其基本电路形式如图7.12所示。

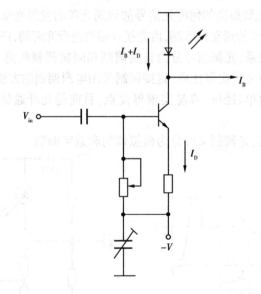

图7.12　数字调制电路

7.2.4　光发射机

数字激光发射机主要组成部分如图7.13所示。

线路编码的作用是将数字码流转换成适合的光纤中传输、接收及监测的线路码型。如

图 7.13　光发射机框图

HDB3 码、5B6B 码及 CMI 码等。

　　驱动电路对 LD 进行调制,把数字信号的电脉冲调制成光信号脉冲。LD 把此光脉冲耦合入光纤。

　　在设计光发射端机时,驱动条件的选择、调制电路的形式和工艺、激光器的控制等都对 LD 的调制性能至关重要。下面就介绍以下几个方面:

　　(1) 偏置电流(I_0)和调制电流(I_m)大小的选择

　　①加大直流偏置电流使其逼近阈值,可以大大地减小电光延迟时间,同时,使张弛振荡得到一定的抑制。

　　②当激光器偏置在阈值附近时,较小的调制脉冲电流就能得到足够的输出光脉冲,从而可以大大地减小码型效应和结发热效应的影响。

　　③另一方面,加大直流偏置电流会使激光器的消光比恶化。所谓的消光比,是指激光器在全"0"码时的发射功率与全"1"码时的发射功率之比。

　　当激光器正好偏置在阈值上时,散粒噪声会出现最大值,所以,偏置电流的选择要兼顾各方面的情况。根据器件的性能,选择合适的偏置电流的大小。

　　(2) 激光器的调制电路

　　因为不仅电流脉冲上升沿和下降沿的快慢会影响到光脉冲的响应速度,而且电流脉冲的上升沿的过程还会加激光脉冲的张弛振荡,所以调制电路既要有快的开关速度,又要保持良好的电流脉冲波形。要做到这两点,不但电路设计重要,而且电路的工艺也很重要。

　　(3) 激光器的控制电路

　　半导体激光器是高速调制的理想光源,但是,半导体激光器对温度的变化是很敏感的;同时,器件的老化也会影响激光器的稳定性。控制电路的作用就是消除温度变化及器件老化的影响,目前国内外主要采用的稳定方法有温度控制和自动功率控制两种方法。

7.3　光电检测器与光接收机

　　发射机发射的光信号在光纤中传输时,不仅幅度被衰减,而且脉冲波形被展宽。光接收机的作用,是接收经过光纤传输的微弱光信号,并将光信号转换成电信号,再将此电信号放大、再生还原为原始信号。

7.3.1　光电检波器

　　光电检波器是光纤通信中重要的元件之一,它的作用是将接收到的光信号系统转换为电信号。光电检测器决定着整个光通信系统的灵敏度、带宽及适应性。因而,不同的光纤通信系统对于光电检波器有不同的要求。光纤通信系对统光电检波器的主要特性要求如下:

①在工作波长上,有足够高的灵敏度,它由响应度 R 及量子效率来衡量。

②有足够的带宽,即对光信号有快速的响应能力。一般用脉冲上升时间 t_r 来衡量。

③在对光信号解调的过程中引入的噪声小。

④主要特性随外界环境和温度的变化尽可能小。

⑤体积小、使用方便、可靠性高。

⑥可在低功率状态下工作、偏置电压和偏置电流低。

半导体光检测器能较好地满足上述要求,因此,在光纤通信系统中得到了广泛的应用。目前使用的半导体光检测器有 PIN 光电二极管和雪崩光电二极管(APD)两大类。

(1)PIN 光电二极管

1)光电二极管的工作原理

光电二极管是一个工作在反向偏压的 PN 结二极管。当 PN 结上加有反向偏压时,外加的电场的方向和空间电荷区里电场的方向相同,外电场使势垒加强,PN 结的能带如图 7.14 所示。

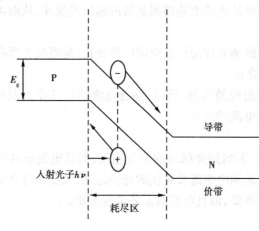

图 7.14 光电二极管能带图

由于光电二极管加有反向电压,因此,在空间电荷区里载流子基本上耗尽,这个区域称为耗尽区。当光束入射到 PN 结上,且光子能量 $h\nu$ 大于半导体材料的禁带宽度 E_g 时,价带上的电子可以吸收光子而跃迁到导带,结果产生一个光子—空穴对。如果光生的电子—空穴对在耗尽区里产生,那么在电场的作用下,电子将向 N 区漂移,而空穴将向 P 区漂移,从而形成光生电流。当入射光功率变化时,光生电流也随之线性变化,从而将光信号转换成电流信号。然而,当入射光子的能量小于 E_g 时,不论入射光多么强,光电效应也不会发生。也就是说,光电效应必须满足条件:

$$h\nu > E_g \ 或 \ \lambda < \frac{hc}{E_g} \qquad (7.21)$$

式中:h——普朗克常量;

$h\nu$——光子能量;

E_g——材料的禁带宽度;

λ——入射光的波长;

c——真空中的光速。

2)光电二极管的响应波长

由光电效应的条件可知,对任何材料制作的光电二极管,都有截止波长。定义为:

$$\lambda_c = \frac{hc}{E_g} = \frac{1.24}{E_g} \qquad (7.22)$$

式中,材料的禁带宽度 E_g 的单位是电子伏特(eV)。光电二极管除了有以上截止波长外,当入射光波长太短时,光变电的转换效率将会大大地下降。

3)光电转换效率

工程上常用量子效率和响应度来衡量光电转换效率。

①量子效率 η

量子效率 η 表示入射光子能量转换成光电流的概率。当入射功率中含有大量光子时,量子效率 η 可用转换成光电流的光子数与入射的总光子数之比来表示,即

$$\eta = \frac{I_p/e_0}{P_0/h\nu} = (1 - \psi)\exp(-\alpha w_1)[1 - \exp(-\alpha w)] \tag{7.23}$$

式中:I_p——光生电流;

$\quad\quad e_0$——电子电荷;

$\quad\quad P_0$——入射光功率;

$\quad\quad h$——普朗克常量;

$\quad\quad h\nu$——光子能量;

$\quad\quad \psi$——入射表面的反射率;

$\quad\quad w_1$——零电场的表面层的厚度;

$\quad\quad w$——耗尽区的厚度。

②响应度 R

入射功率 P_0 与光生电流 I_p 的转换关系也可直接用响应度 R 来表示,即

$$R = I_p / P_0 = \frac{\eta e_0}{h\nu} \quad (\mu A/\mu W) \tag{7.24}$$

由式(7.17)和式(7.18)可看出,要得到高量子效率可以采取相应的措施:减少入射表面的反射率 R;减小光子在表面层被吸收的可能性;增加耗尽区的宽度 w,使光子在耗尽层区被充分吸收。为了得到高量子效率,光电二极管往往采用 PIN 结构。

4)响应速度

光电二极管的响应速度常用响应时间(上升时间和下降时间)来表示。影响响应度的主要因素有:光电子二极管和它的负载的 RC 时间常数;载流子在耗尽区时的度越时间;耗尽区外产生的载流子由于扩散而产生的延迟。

5)暗电流

光电二极管的暗电流是指无光照射时光电二极管的反向电流。暗电流越小越好。

(2)雪崩光电二极管(APD)

1)雪崩二极管(APD)的工作原理

与光电二极管不同,雪崩光电二极管(APD)在结构上已考虑到使它能承受高反向偏压,从而在 PN 结内部形成一个高电场区。光生的电子或空穴经过高场区时被加速,从而获得足够的能量,它们在高速的运动中与晶格碰撞,使晶体中的原子电离,从而激发出新的电子—空穴对,这个过程称为碰撞电离。通过碰撞电离产生的电子空穴对称为二次电子—空穴对。新产生的电子和空穴在高场区运动时又被加速,有可能碰撞到别的原子,这样多次碰撞电离的结果,使载流子迅速的增加,反向电流迅速加大,形成雪崩效应,APD 就是利用雪崩倍增效应使光电流得到倍增的高灵敏度的检测器。

2)平均雪崩增益

雪崩倍增过程是一个复杂的随机过程,每一个初始的光生电子—空穴对在什么位置产生,它们在什么位置发生碰撞电离,总共激发出多少对电子—空穴对,这些都是随机的,往往用平均雪崩增益 G 来表示 APD 的倍增大小。在实用中,平均雪崩增益 G 用下式近似的表示。

$$G = \frac{1}{[1 - (V - IR_s)/V_B]^m} \quad (7.25)$$

式中:V——APD 的反向偏压;

R_s——APD 的串联电压;指数 m 是 APD 的材料和结构决定的参数。

3)APD 的过剩噪声

雪崩倍增过程是一个复杂的随机过程,必须引入随机噪声。定义 APD 的过剩噪声系数为:

$$F(G) = \frac{\langle g^2 \rangle}{\langle g \rangle^2} = \frac{\langle g^2 \rangle}{G^2} \quad (7.26)$$

式中,符号"$\langle\rangle$"表示平均值,随机变量 g 表示每个初始的电子—空穴对生成的二次电子—空穴对的随机数,G 是平均雪崩增益。在工程上,为简化计算,常用过剩噪声指数 x 来表示过剩噪声系数,即

$$F(g) \approx G^x \quad (7.27)$$

7.3.2　光接收机的组成

光接收机由光电变换器、前置放大器、主放大器、均衡滤波器、判决器及译码器等部分组成,如图 7.15 所示。

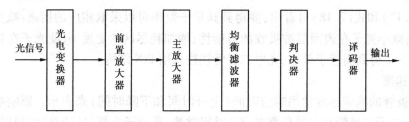

图 7.15　光接收机的组成框图

(1)光电变换

在光纤通信系统中,光电变换器采用光电检测器(PIN 光电二极管和 APD 雪崩光电二极管)将光信号转换成电信号。光电二极管利用半导体材料的光电效应将入射光子转换成电子—空穴对,形成光电流。量子效率、响应速度、暗电流是光电二极管的主要性能指标。雪崩二极管利用载流子在高场区的碰撞电离形成雪崩倍增效应,使检测器的灵敏度大大地增加。

(2)放大电路

放大电路部分前置放大器和主放大器两大部分。前置放大器的噪声是影响接收机灵敏度的重要因素,而主放大器的电压增益控制范围是决定光接收机动态范围的主要因素。

(3)均衡滤波器

使用均衡滤波器的目的是把放大后的信号均衡成具有升余弦频谱的波形,以便判决时无码间干扰。

（4）判决器

判决器由时钟提取电路和判决电路组成。为尽量地减小误码率，判决时应选择最佳的判决阈值，并在最佳的判决时刻进行取样，最佳的判决时间由时钟的上升沿来定，时钟提取可采用滤波器或锁相环法。

时钟的抖动将使判决偏离最佳判决时刻，增加误码，尤其在多中继器度距离的光通信系统工程中抖动的影响更为严重。

（5）译码器

译码器的功能是对线路码进行解码。

7.3.3　光接收机的接收灵敏度

接收机灵敏度、动态范围、时钟抖动是接收机的三个主要性能指标。其中，灵敏度是光接收机最重要的性能指标，它主要由放大器和检测器引入的噪声决定。

模拟光接收机的灵敏度是为获得一定的信噪比，接收机所需的最小光功率。

数字光接收机的灵敏度是为获得一定的误码率，接收机所需的最小光功率。

放大器的噪声主要由前置放大器引入，前置放大器电阻的热噪声和有源器件的噪声都可以认为是概率密度为高斯函数，具有均匀、连续频谱的白噪声。

光电检测过程的量子起伏形成散粒噪声，其概率密度为泊松函数。

在分析光接收机的灵敏度时，一般采用 S. D. Personick 高斯近似法。其出发点是：假设雪崩光电检测过程的概率密度函数是高斯函数，在这种假设下，接收机输出总噪声的概率密度函数仍是高斯函数，从而使灵敏度与误码率的计算大为简化。采用高斯近似的计算方法，不仅可以推导出灵敏度的解析表达式，而且计算结果与精确计算结果接近，因而在工程上得到广泛的应用。用该方法得到的数字光纤通信系统的灵敏度公式为：

$$p_{req} = \frac{b_{max}}{2T} \tag{7.28}$$

式中：T——光脉冲间隔；

$\quad b_{max}$——光接收机在最坏判决时刻接收到的光能量。

如果忽略暗电流的影响，采用 PIN 光电二极管为光检测器，则由式（7.24），可得光接收机灵敏度为：

$$p_{req} = \frac{h\Omega}{T\eta} Q Z^{\frac{1}{2}} \tag{7.29}$$

式中：T——光脉冲间隔；

$\quad h$——普朗克常数；

$\quad \Omega$——入射光频率；

$\quad \eta$——光电二极管的量子效率；

$\quad Q$——噪声电压的最大允许瞬时值与噪声均方根之比，与信噪比有关；

$\quad Z$——反映接收机放大器的电路热噪声对灵敏度的影响，热噪声对灵敏度的影响主要来自前置放大器。

进一步的分析可知，对于 PIN 光接收机有：

$$p_{req} \propto Z^{\frac{1}{6}} \tag{7.30}$$

对 APD 光接收机有：

$$p_{\text{req}} \propto Z^{\frac{1}{2}} \tag{7.31}$$

由前两式知，对于 PIN 光接收机，Z 值对灵敏度影响较大，应极力降低放大器的热噪声；而对于 APD 光接收机，Z 值对灵敏度的影响较小。

7.4 光纤通信系统

7.4.1 光纤通信系统的组成

光纤通信系统一般有模拟式和数字式两种。本节主要介绍目前最主要、最常用的方式强度调制—直接检测(IM—DD)光纤通信系统。IM—DD 光纤通信系统的框图如图 7.16 所示。它主要由电发射机、光发射机、光缆传输线路、光中继器、光接收机及电接收机组成。

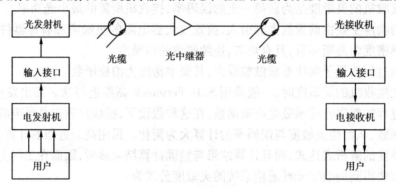

图 7.16 光纤通信系统

电发射机的任务是把模拟信号转换成数字信号(A/D 转换)，完成 PCM 编码，并且按照时分复用的方式把多路信号复接、合群，从而输出高比特的数字信号。它含有完成 PCM 编码三个步骤(抽样、量化、编码)的电路及时分复用电路。

光发射机由线路编码、调制编码、控制电路组成，如图 7.13 所示。

在长途光纤通信线路中，由于光纤本身存在的损耗和色散造成信号幅度衰减和波形失真，因此，每隔一段距离要设置一个光中继器。光中继器采用光—电—光的转换方式，即先将接收的弱光信号经过光电变换，再进行放大、再生、恢复为原来的数字信号，再对光源进行调制、发射光信号送入光纤继续传输。

在接收端，光接收机将光信号转换成电信号，再进行放大、再生、恢复为原来传输的信号，送至电接收机。光接收机的框图如图 7.15 所示。

电接收端机的任务是将高速的数字信号时分复用，然后再还原成模拟信号，送至用户。光电接收端机之间，经过输出接口实现码型、电平和阻抗的匹配。

7.4.2 光纤通信系统的主要性能

目前，ITU—T 已经对光纤通信系统的各个速率、各个光接口的电接口性能给出了具体的建议，系统的性能参数也很多。本章介绍数字光纤通信系统最重要的两大性能参数：误码性能和抖动性能。

(1) 误码性能

系统的误码性能是衡量数字光纤通信系统优劣的一个非常重要的指标。它反映数字信息在传输的过程中受到的损伤程度。通常用长期平均误码率、误码的时间百分数和误码秒百分数来表示。

长期平均误码率简称误码率(BER),它表示传送的码元被错误判决的概率。对于一路 64 kbit/s 的数字式电话,若 BER $\leqslant 10^{-6}$,则话音十分清晰,感觉不到噪声和干扰;若 BER 达到 10^{-5},则在低声讲话时就会感到干扰及个别的"喀喀"声存在;若 BER 高达 10^{-3},则不仅会感觉到严重的干扰,而且可懂度也会受到影响。

BER 表示系统长期统计平均的结果,它不能反映系统是否存在突发性、成群的误码存在。为了有效地反映系统实际的误码特性,还需引入误码的时间百分数和误码秒百分数。

在较长的时间内观察误码,设 T(1min 或 1s)为一个抽样时间间隔,设定 BER 的某一门限为 M,记录下每一个抽样间隔 T 内的 BER,则 BER 超过门限 M 的 T 的次数与总观察时间内的可用时间之比,称为误码的时间百分数。常用的有劣化分百分数(DM)和严重误码秒(SES)。

表 7.1　64kbit/s 业务误码性能指标

类　别	定　义	门限值	抽样时间	全程全网指标
劣化分百分数(DM)	误码率劣于门限的分	1×10^{-6}	1min	时间百分数 <10%
误码秒百分数(ES)	出现误码的秒	0	1min	时间百分数 <8%
严重误码率(SES)	误码秒劣于门限的秒	1×10^{-3}	1min	时间百分数 <0.2%

通信中有时传输一些重要信息包,希望一个误码率也没有。因此,人们往往关心在传输成组的数字信息时间内没有误秒,从而引入误码秒百分数(ES)。误码秒百分数(ES)是指在长时间观察中误码秒数与总的可用秒数之比。它们之间的关系可以利用概率来计算。

DM、SES 及 ES 的定义及 64kbit/s 业务在全程网上需满足的指标如表 7.1 所示。

(2) 抖动性能

数字信号的各个有效瞬间对于标准时间位置的偏差,称为抖动(或漂动)。抖动在本质上相当于低频振荡的相位调制加载到传输的数字信号上。产生抖动的主要原因是随机噪声、时钟提取回路中调谐电路的谐振频率偏移、接收机的码间干扰等。在多光中继长途光纤通信中,抖动具有积累性。抖动在数字传输系统中最终表现为数字端机解调后的噪声,使信噪比劣化、灵敏度降低。

抖动的单位是 UI,它表示单位时隙。当传输信号为 NRZ 码时,1IU 就表示 1 比特信息所占用的时间,它在数值上等于传输速率的倒数。

描述抖动的主要性能有三个:输入抖动的容限、输出抖动及抖动转移特性。

7.4.3　数字光纤通信系统传输距离的估算

根据光纤、光源、光检测器的参数以及系统传输的码率与误码率的要求,确定系统可能到达的传输距离,这是系统设计的主要问题。

在工程上,数字光纤通信系统传输距离的估算主要采用两种方法:参数选择法和CCITT 图

解法。用参数选择法估算系统的传输距离时需要考虑以下两方面:

(1)传输距离 L 受光纤衰减的限制

这时可用下式来估算:

$$L = \frac{P_t - P_r - (\alpha_c + M_E)}{\alpha + \varepsilon_s + M_c} \ (km) \tag{7.32}$$

式中: P_t——发送端平均输出光功率;

P_r——接收机灵敏度;

α_c——光纤连接器衰减;

M_E——光端机富余度;

α——光纤衰减常数;

ε_s——光纤每公里平均接续损耗;

M_c——光纤富余度。

(2)传输距离受光纤的带宽限制

当光纤的带宽较窄而传输的速率较高时,还要考虑带宽对传输距离的限制,其中光纤的带宽可以用它的脉冲展宽来考虑。

关于参数选择法和CCITT图解法,详见参考文献[6]和[7]。

第**8**章

微波通信

自第二次世界大战以来,微波工程技术得到了迅速的发展。微波工程技术已深入到科学、工业、农业、军事等各个领域。微波工程技术在通信系统中也占有非常重要的地位,是通信系统中必不可少的部分,如微波中继通信、地面移动通信、卫星通信、机载移动通信等。当今世界已进入信息时代,微波波谱成为了一种十分重要的资源。本章将从微波的概念、微波中继通信以及微波通信系统的角度对微波通信进行分析。

8.1 微波简介

微波是指分米波、厘米波和毫米波。关于其频率范围有两种说法:一是在 300MHz ~ 300GHz,相应的自由空间波长为 1m ~ 1mm;另一种说法是 1GHz ~ 1 000GHz,相应的自由空间波长为 30cm ~ 0.3mm。微波的波长 λ 与频率 f 的关系如下:

$$\lambda \cdot f = c \tag{8.1}$$

式中:c 表示光速;λ,f 皆采用国际单位。

表 8.1 列出了从超长波至亚毫米波的波段。从表中可以看出,当无线电波的 f 再高、λ 再短时,将达到远红外波段、红外波段,与光波相衔接;也说明微波的频率范围在整个无线电波波谱的重要地位。

表 8.1　无线电波的波段划分

波　段	频　率	波　长	波　段	频　率	波　长
超长波	3 ~ 30kHz	$10^5 \sim 10^4$ m	分米波	0.3 ~ 3GHz	1 ~ 0.1m
长波	30 ~ 300 kHz	$10^4 \sim 10^3$ m	厘米波	3 ~ 30GHz	10 ~ 1cm
中波	0.3 ~ 3MHz	$10^3 \sim 10^2$ m	毫米波	30 ~ 300GHz	10 ~ 1mm
短波	3 ~ 30MHz	100 ~ 10m	亚毫米波	300 ~ 3 000GHz	1 ~ 0.1mn
超短波	30 ~ 300 MHz	10 ~ 1m			

微波波谱处于无线电波谱的高端,波长比较短,由此带来了一系列优点:

①使得同样尺寸天线的辐射,具有较高的方向性和分辨能力,或相同性能的天线具有相对小的尺寸。

②电波在大气中衰减比较小(与红外、光波相比较),并且能穿过电离层。

③同样的相对频带带宽,微波能提供比较宽的可用频谱。

④使得微波设备的尺寸可以做得相对较小。

正是这些优点,使得微波工程在国防工业和信息产业中占有至关重要的地位。

8.2　微波中继通信

8.2.1　概述

由微波元器件、微波电路、微波部件组成的系统称为微波工程系统,其主要的特征是工作在微波频率范围内。微波工程系统常常是一个更大系统的一部分,故可称为微波子系统。在信息传输系统中,微波工程子系统常常起中继的作用,所以也称为微波中继系统。典型的微波中继系统有:微波发射机、微波接收机前端、复杂天线系统等。本节将对几个较典型的系统进行分析。

8.2.2　微波接收机前端

图 8.1 所示为两种超外差接收机的框图,图中虚线将微波子系统与非微波部分分开。

图 8.1(a)是一次混频方案,图 8.1(b)是两次混频方案。以图 8.1(b)为例,微波子系统包括天线、微波放大器、第一本振、第二本振、高中频滤波器、高中频放大器、第二混频器。在各个部件之间必须用微波传输线连接并考虑级间、部件之间的匹配设计。

8.2.3　微波发射机

图 8.2 所示为一个微波发射机的示意图,波形发生器送至发射机的 RF(射频)输入电平的典型值为 −10— +10dBm,输入信号为微波频率的连续波或已调制的微波。

输入射频组合有两种功能:

①为微波波形发生器提供了一个匹配的负载;

②与中功率放大器的输入端匹配。

为完成这两种功能仅需要一个隔离器或环行器,输入射频组合中还包含定向耦合器和射频电平检查电路,以检验系统是否正常工作。微波发射机要包含几级放大器取决于对输入和输出的要求。如果有中间功率放大级,那么还需要在它与末级功放之间设计一个中间射频组合,主要完成级间匹配的功能。输出射频组合设备中包括:为末级功放提供匹配负载、功率电平和故障检测的装置、高功率波导开关、环行器等。图中虚线以上部分工作在微波频率。

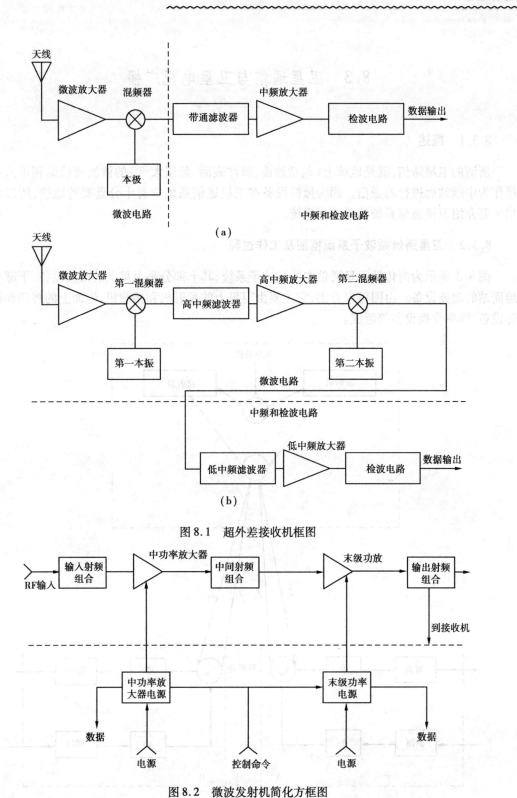

（a）

（b）

图 8.1 超外差接收机框图

图 8.2 微波发射机简化方框图

8.3　卫星通信与卫星电视广播

8.3.1　概述

所谓的卫星通信,就是地球上(包括地面、海洋表面、低层大气)的微波通信站利用人造卫星作为中继站而进行的通信。因为微波设备在卫星通信系统中有十分重要的地位,所以本节将主要介绍卫星通信系统的微波子系统。

8.3.2　卫星通信微波子系统框图及工作过程

图8.3所示为简化的卫星通信中的微波子系统,其上部分是卫星上的微波设备,下部分是地面站的微波设备。由图可以看出,它主要由卫星上的发射机和接收机、地面上的解调和调制等设备、频率变换设备等组成。

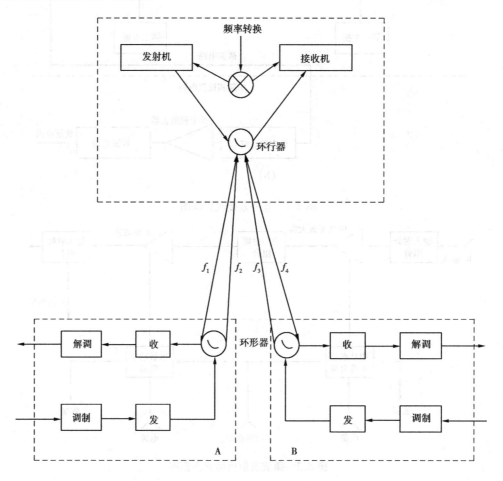

图8.3　简化的卫星通信中的微波子系统

地球站 A 的信号经过调制后送到发射机,经环形器通过天线发射,被卫星上的天线所接收,其工作频率为 f_1,也称为上行频率。地球站 A 的射频信号经过大气层到达卫星转发器,转发器的作用是将接收到的信号进行放大和频率变换,变为 f_4 的射频信号,通过转发器的发射机放大,由卫星上的天线向地球站 B 发射,由地球站 B 的接收机接收,这里 f_4 称为下行频率。地球站 B 接收到工作在 f_4 的射频信号后,再经过放大调制,取出信息。地球站 B 的上行频率 f_3 与地球站 A 的上行频率 f_1 稍有差别,地球站 B 的下行频率 f_4 与地球站 A 的下行频率 f_2 稍有区别,以避免相互干扰。考虑到外界自然条件的影响,一般取上行频率高于下行频率。卫星通信的工作频率为 4/6GHz 和 11/14GHz。在卫星通信中,当卫星的 EIRP(Effective Isotropic Radiated Power,即等效各向同性辐射功率)确定后,地球站接收信号性能的优劣取决于地球站的 G/T 值。地球上的天线主瓣最大方向总是对准卫星的,因而增益 G 总是最大的, T 值则与天线仰角有关。为了提高信噪比,则采用大口径天线和低噪声接收机,以提高地球站的 G/T 值。同时,在微波通信中最大的损耗发生在地球与卫星之间的路径上,最大的增益是由地球站天线提供的。

8.3.3　卫星通信中的天线分系统

在卫星通信中天线系统包括卫星天线和地球站天线两部分。

卫星天线分为两类:一类是遥测、指令和信标天线,这种天线一般是全向天线。另一类是通信天线,其特点是:① 一定的指向精度,误差小于波束宽度的 5%;② 足够的频带宽度;③ 多副天线、多波束天线;④ 适当的极化方式;⑤ 消旋天线,即采用一定的方法使天线指向固定。

地球站天线通常是收、发共用的,由机械系统、辐射系统和馈线系统三部分组成。

8.3.4　通信卫星中的频分多址

同步卫星是位于赤道上空约 35 800km 高度上的同步卫星,为了实现多个地面站之间的通信,必须采用各种多址技术。目前采用最多的是频分多址技术(FDMA)。

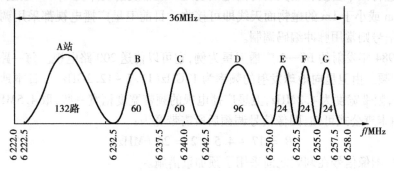

图 8.4　典型转发器的频谱

以某个通信卫星为例,它的上行(由地球发向卫星)频率为 6GHz,下行(由卫星发向地球)频率为 4GHz,共有 12 个 36MHz 的转发器,每个转发器有自己的发送器、接收器和发送频段、接收频段。一个典型的转发器的频谱如图 8.4 所示。由图 8.4 可见,该转发器共包括 7 个频分多路信号。假设它们分别为 A、B、C、D、E、F、G 地面站提供。由于每个频分多路信号又分别由若干路单边带调制的标准 4kHz 话路组成,因此,可以用来与若干个其他地面站通信。以

C 站为例,它被指定使用的频带为 6 237.5 ~ 6 242.5MHz,分别送往 A、B、D、E 站的五个基群(12 路)频分多路信号合成一个 60 路超群,然后对中心频率为 6 240MHz 进行调频,送往通信卫星,如图 8.5 所示。

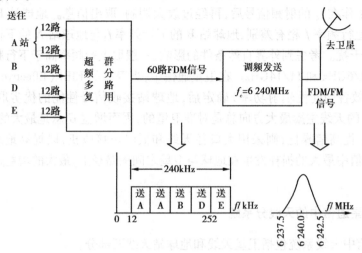

图 8.5　FDM/FDMA 示意图

来自各地面站的信号都采用 FDM/FM 调制,24 路 FDM 信号调频后的频带为 2.5MHz,60 路信号为 5MHz,96 路信号为 7.5MHz。转发器频带也可以作其他的安排,如安排为 14 个 24 路频分多路信号,或单载波传输 960 路频分多路信号,或一路广播电视信号等。这种多址复用方式常记作 FDM/FM/FDMA。

8.3.5　卫星电视广播

卫星广播是卫星通信的典型例子。卫星广播电视是用同步广播卫星接收地面发射台发送的电视信号,进行频率变换和放大后再向地面发送。通常发射功率为 100W 以上,地面接收站只需要直径 1m 或小于 1m 的抛物面天线即可接收。目前卫星广播电视都采用调频来传送图像信号,伴音信号则常用脉冲编码调制。

以日本 1984 年发射的 BS—2 广播卫星为例,它可以传送 200 路电视。每一路电视的图像信号都采用调频。由卫星向地球发射的频率为 12GHz(11.7 ~ 12.2GHz)。日本地面电视广播采用 NTSC 制,频带宽度为 4.2MHz,卫星广播电视的频带宽度稍宽一些,取 4.5MHz,最大频偏为 17MHz。由卡森公式可知,图像信号调频后所需带宽为:

$$B = 17 + 4.5 \times 2 = 26 \text{（MHz）} \tag{8.2}$$

为改善信噪比,图像信号在调频之前采用了预加重措施。

人造卫星的电视广播有两种工作方式:一种是与通信兼容,即利用通信卫星的某些信道,向地球上某一区域发送电视信号,它传送电视信号是一种点对点的通信方式;另一种直接向电视用户发送电视信号的电视直接广播,它是一种点对面的信息广播。一个卫星广播电视系统主要由上行站、卫星、接收站和遥测遥控跟踪站组成。

目前卫星广播电视采用"群频信道频分多路,调频—射频信道频分多址"体制。对于卫星广播业务频率,国际电信联盟做了具体的分配,我国使用 11.7 ~ 12.2GHz 和 22.5 ~ 23GHz 之间的某些频段。

在卫星电视广播中,上行发射站的任务是将广播电视信号进行处理,并经调制、变频和功率放大,通过定向天线向卫星发送上行微波信号。卫星的任务是接收来自上行站的广播电视信号,经放大、变频后,用下行频率向用户转发节目。地面接收站主要的任务是减小信号损耗,提高信噪比。具有灵敏度高、噪声小、频带宽、接收天线增益高等特点。

8.3.6　调频广播

调频广播能提供高质量的话音和音乐传播。调频广播的频率范围为 88 ~ 108MHz,规定各电台之间的频道间隔为 200kHz。一般最大频偏为 75kHz,最高调制频率为 15kHz。

在普通单声道的调频广播中,由卡森公式算出所需的频带应为:

$$B = 2(\Delta f + f_m) = 180 \ (\text{kHz}) \tag{8.3}$$

此时,调频指数为 $\beta_{FM} = 75/15 = 5$,如果用 $|J_n(\beta)| < 0.01$ 为标准,则需传输 8 次边频,因而

$$B = 2 \times 8 \times 15 = 240 \ (\text{kHz}) \tag{8.4}$$

实际上,声音节目中高频分量很小,因此,主要的频谱分量限制在 200kHz 频带内。

在双声道立体声调频广播中,按美国联邦通信委员会(FCC)规定:

①导频载波(19kHz)分量在调频时,只允许占最大频偏的 10%(7.5kHz),因此,在节目停顿期间,导频的调频指数为 7.5/19 = 0.395,这可认为是窄带调频。

②在传送非立体声广播节目时,可以同时传送专供专门用户(如为商店、医疗机构等播送音乐)使用的辅助节目(SCA)。SCA 也可以用窄带调频。SCA 的中心频率为 67kHz,传送 SCA 信号时,总频偏仍应小于 75kHz。FCC 规定 SCA 的频偏不超过最大频偏的 30%,其余 70% 频偏分配给广播节目。

③不带 SCA 信号的立体声广播中,10% 频偏分配给 19kHz 导频,其余 90% 分配给(L + R)和(L − R)两个声道,其余 80% 分配给立体声广播的两个声道。

按美国联邦通信委员会(FCC)规定,立体声广播中的频偏分配可以归纳成表 8.2。

表 8.2　立体声广播中的频偏分配

频分百分比 ＼ 广播方式 ＼ 信号	非立体声 + SCA	立体声	立体声 + SCA
L + R	70%	90%	80%
L − R	0	90%	80%
导频	0	10%	10%
SCA	30%	0	10%

参考文献

[1] 曹志刚,钱亚生. 现代通信原理. 北京:清华大学出版社,1995

[2] 王秉钧,孙学军等. 现代通信系统原理. 天津:天津大学出版社,1997

[3] 隗永安. 现代通信原理. 成都:西南交通大学出版社,2000

[4] 樊昌信等. 通信原理. 北京:国防工业出版社,1996

[5] 沈振元等. 通信系统原理. 西安:西安电子科技大学出版社,1993

[6] 顾畹仪,李国瑞. 光纤通信系统. 北京:北京邮电大学出版社,1999

[7] 赵梓森等. 光纤数字通信. 北京:人民邮电出版社,1991

[8] S. D. Personick, Receiver Design for Digital Fiber Optic Communication System I and II, The Bell System Technical Journal, 1973,52(6),843—886.

[9] P. Z. Peebles. Communication System Principles. Addison-Wesley Publishing Company, 1976